Frederick J Smale

Studien über Gasketten

Frederick J. Smale

Studien über Gasketten

ISBN/EAN: 9783743402942

Hergestellt in Europa, USA, Kanada, Australien, Japan

Cover: Foto ©berggeist007 / pixelio.de

Manufactured and distributed by brebook publishing software
(www.brebook.com)

Frederick J Smale

Studien über Gasketten

Studien über Gasketten.

Inaugural-Dissertation

der

hohen philosophischen Fakultät der Universität Leipzig

zur

Erlangung der Doktorwürde

vorgelegt von

Frederick J. Smale

aus Lindsay, Ont. Canada.

Leipzig

Wilhelm Engelmann

1894.

Studien über Gasketten.

Inaugural-Dissertation

der

hohen philosophischen Fakultät der Universität Leipzig

zur

Erlangung der Doktorwürde

vorgelegt von

Frederick J. Smale

aus Lindsay, Ont. Canada.

Leipzig
Wilhelm Engelmann
1894

Separat-Abdruck aus:

„Zeitschrift für physik. Chemie". XIV. Band. 1894.

Meinen teuren Eltern

in Dankbarkeit

gewidmet.

Inhalt:

Allgemeines.

Die Entdeckung der Gasketten verdanken wir Grove[1]). Im Jahre 1839 fand dieser Forscher, dass Platinstreifen, die von einem Gase umgeben sind und mit ihren unteren Enden in eine Flüssigkeit tauchen, eine Polarität zeigen, die mit der Natur des angewandten Gases wechselt. Er ordnete verschiedene Gase in eine Reihe, in welcher jedes Gas gegenüber allen folgenden positiv elektrisch war. Einige Jahre später[2]) stellte Grove Versuche mit einem Element an, in dem Wasserstoff den einen und Sauerstoff den anderen Pol bildete. — Durch Verbindung mehrerer solcher Elemente zu einer Reihe gelang es ihm, eine zur Zersetzung des Wassers genügende elektromotorische Kraft zu erhalten. Gleichzeitig machte er die Beobachtung, dass der Wasserstoff ungefähr zweimal so schnell verschwand, als der Sauerstoff, woraus er schloss, dass die Entstehung eines elektrischen Stromes auf die Vereinigung von Wasserstoff und Sauerstoff unter Bildung von Wasser zurückzuführen sei — die sogenannte „Chemische Theorie".

Groves Versuche wurden von Schönbein[3]) und Matteuci[4]) wiederholt, deren Untersuchungen sie den Ursprung der elektromotorischen Kraft auf eine andere Quelle zurückführen liessen: die Berührung der Metallelektroden mit Gas und Flüssigkeit. Dies ist die alte Kontakttheorie.

[1]) Phil. Mag. (3) 14, 129. 1839.
[2]) Phil. Mag. 21, 417. 1842; Phil. Trans. 1843, II, 91.
[3]) Pogg. Ann. 56, 135—235. 1842.
[4]) Compt. rend. 7, 741. 1838 und 16, 846. 1843.

Bis dahin waren die Gasketten lediglich qualitativ studiert worden. Beetz war der erste, der den Gegenstand sorgfältig und gründlich bearbeitete[1]). Er wiederholte die Versuche seiner Vorgänger, stellte neue an und führte die ersten Messungen der elektromotorischen Kraft von aus verschiedenen Gasen gebildeten Ketten aus. Seine Messungen sind noch heute mustergültig, obgleich die von ihm angewandten Methoden längst veraltet sind. Während Beetz sich in seiner ersten Arbeit nicht entschieden zu gunsten der einen oder der anderen Theorie ausspricht, scheint er sich in einer späteren Arbeit[2]) der „Kontakttheorie" zuzuneigen.

Die alte „Chemische Theorie" wurde aufs neue im Jahre 1875 von Morley[3]) ins Feld geführt, der erklärte, dass die Beschaffenheit der Elektroden gar keinen Einfluss auf die elektromotorische Kraft haben könne, und die Entstehung des Stromes in der Wasserstoff-Sauerstoffkette auf die Verwandlung von chemischer Energie in elektrische unter Wasserbildung zurückführte.

Dies gab den Anstoss zu einer neuen Untersuchung des ganzen Gegenstandes durch Peirce[4]), in deren Verlauf dieser in der Hauptsache Beetz' experimentellen Schlussfolgerungen beistimmte, wenn auch seine Messungen von denen des Letztgenannten öfters um mehrere Hundertstel Volt abweichen.

Diese Bestätigung der Kontakttheorie veranlasste, dass sie allgemein als Erklärung für die Entstehung einer elektromotorischen Kraft an den Polen der Gaskette angenommen ward, und so ist ihre Richtigkeit als solche bis in die neuste Zeit unangezweifelt geblieben. In der That behält Prof. Wiedemann in der letzten Auflage seines ausgezeichneten Lehrbuches die „Kontakttheorie" bei. Unter Gasketten[5]) sagt er: „Alle diese Versuche zeigen deutlich, dass die elektromotorische Kraft der Gaselemente durchaus nicht einer Berührung und chemischen Reaktion zwischen zwei Gasen, z. B. dem Sauerstoff und Wasserstoff, welche sich allmählich in dem sauren Wasser der Elemente lösen und so zusammentreffen sollen, zuzuschreiben ist . . . . . . Der Sitz der elektromotorischen Kraft ist an der Berührungsstelle der mit Gas beladenen Metallplatten und der Flüssigkeit. Diese Platten verhalten sich dann ganz wie Metallplatten.

[1]) Pogg. Ann. 77, 503. 1849.
[2]) Wied. Ann. 5, 1. 1878.
[3]) Phil. Mag. (5) 5, 272. 1878.
[4]) Wied. Ann. 8, 98. 1878.
[5]) G. Wiedemann, Elektrizität.

In den letzten Jahren haben unsere Vorstellungen von der Entstehung der elektromotorischen Kraft gleichwohl einen Umschwung erfahren. Mit der neuen Theorie des osmotischen Druckes von van't Hoff, der Dissociationstheorie von Arrhenius und dem neuen Begriff von der Lösung fester Körper, den er selbst gegeben, als Basis, entwickelte Nernst in seiner umfassenden Arbeit „Über die elektromotorische Wirksamkeit der Ionen"[1] eine Theorie der Entstehung der elektromotorischen Kraft in Flüssigkeitsketten, die eine einfache und plausible Erklärung von dem gab, was bis dahin eine unbestimmte und unaufgeklärte Erscheinung gewesen war. Nach dieser neuen Theorie lässt sich die elektromotorische Kraft auf die Umwandlung osmotischer resp. Volumen- in elektrische Energie zurückführen. Die ausgezeichnete Übereinstimmung zwischen den berechneten und experimentellen Werten liefert den besten Beweis für die Richtigkeit der neuen Anschauung.

Diese neue Theorie, die bisher nur für „Flüssigkeiten" galt, ist von Ostwald in der neuerschienenen Auflage seines Lehrbuches[2] auf deren Analogon, die Gasketten, ausgedehnt worden.

Die Schlussfolgerungen, zu denen die neue Theorie führte, stehen in direktem Widerspruche mit den älteren Vorstellungen bezüglich der Gasketten. Sie lassen sich kurz wie folgt zusammenfassen.

1. Die Beschaffenheit der Elektroden kann, wenn diese von den angewandten Elektrolyten nicht angegriffen werden, keine Wirkung auf die elektromotorische Kraft der Gaskette üben.

2. In der Wasserstoff-Sauerstoff-Kette oder in einer beliebigen Gaskette, wo die beiden Gase chemisch aufeinander wirken, wird die elektromotorische Kraft unabhängig sein von der Natur des Elektrolyten. Die Spannung wird mit Säuren, Basen und Salzen ein und dieselbe sein. Ebenfalls wird die elektromotorische Kraft der Gaskette unabhängig sein von der Konzentration des Elektrolyten.

Die von Beetz, Peirce und anderen gelieferten experimentellen Daten waren nicht der Art, dass sie einen Beweis für die obigen theoretischen Folgerungen beigebracht hätten. Ich habe daher auf Anregung von Prof. Ostwald eine experimentelle Untersuchung der neuen Theorie zu erbringen versucht. Gleich an dieser Stelle wünsche ich dem Letztgenannten meinen aufrichtigsten Dank für das ständige freundliche Interesse, mit dem er meiner Arbeit von Anfang bis Ende gefolgt ist, und

[1] Zeitschr. f. physik. Chemie 4, 129. 1889.
[2] Lehrbuch der allgem. Chemie (2. Aufl.) II, 1. S. 895.

für die zahlreichen wertvollen Ratschläge und Hinweise, mit denen er mich unterstützt hat, auszusprechen.

Allgemeine Theorie der Gasketten.

Es ist bereits erwähnt worden, dass die Theorie der Gasketten nur eine Erweiterung der Theorie der Flüssigkeitsketten ist, die Nernst geliefert hat. Die theoretischen Erwägungen, die dieser Theorie zu Grunde liegen, finden sich ausführlich gegeben in Nernsts Originalarbeit „Über die elektromotorische Wirksamkeit der Ionen"[1]), sowie in der jüngsten Auflage von Ostwalds Lehrbuch[2]), und ganz neulich erst[3]) sind die Grundprinzipien der neuen Theorie klar und folgerecht von Goodwin dargelegt worden. Es ist daher überflüssig, diese Grundprinzipien hier zu erörtern, es ist nur nötig, von den so gewonnenen Fundamentalbegriffen Anwendung auf die Gaskette zu machen.

Nernst war der erste, der zwischen umkehrbaren und nichtumkehrbaren Elektroden unterschied. Unter den letzteren versteht man solche Elektroden, deren Beschaffenheit sich ändert, wenn man den Strom in umgekehrter Richtung durch sie schickt; unter den ersteren solche, die bei einer Umkehrung des Stromes konstant bleiben.

In einer vor ungefähr einem Jahre erschienenen Arbeit über „die elektromotorischen Kräfte der Polarisation" hat Le Blanc[4]) gezeigt, dass der Vorgang der Wasserbildung in der Wasserstoff-Sauerstoff-Kette ein umkehrbarer ist. Wir dürfen daher von vornherein davon absehen, uns mit der Beschaffenheit der Metallelektroden, in denen das Gas okkludiert ist, zu beschäftigen, und haben allein das Gas, das sie umgiebt, zu betrachten.

Betrachten wir zuerst, als die kleinsten theoretischen Schwierigkeiten bietend, den Fall der Wasserstoff-Chlor-Gaskette, in welcher Chlorwasserstoff als Elektrolyt dient. In einer derartigen Kette geht Wasserstoff auf der einen Seite, Chlor auf der anderen Seite in Lösung, bis sich ein Gleichgewicht zwischen der Tendenz des Wasserstoffs resp. Chlors, in Lösung zu gehen, — der Lösungstension Nernsts, oder dem Lösungsdruck Ostwalds — einerseits, und dem osmotischen Druck der Chlorwasserstofflösung, der der Auflösung des Gases entgegenstrebt, andererseits hergestellt hat. Der Wasserstoffpol ist negativ, der Chlor-

[1]) Zeitschr. f. physik. Chemie 4, 150. 1889.
[2]) Lehrbuch der allgem. Chemie (2. Aufl.) II, 1, S. 825.
[3]) Zeitschr. f. physik. Chemie 13, 583. 1894.
[4]) Zeitschr. f. physik. Chemie 12, 351. 1893.

pol positiv geladen, oder, nach Nernstscher Auffassung, die Lösungstension des Wasserstoffs ist grösser als der osmotische Druck $(P > p)$; es gehen daher Wasserstoffmoleküle als positiv geladene Ionen in Lösung, während die Elektrode negativ geladen bleibt. Ähnlich ist der Vorgang am Chlorpol. Hier gehen die Moleküle des Chlors als negativ geladene Ionen in Lösung, wobei die Elektrode sich statisch positiv ladet. Die Lösung von Wasserstoff resp. Chlor setzt sich fort, bis die aktiv statischen Kräfte — in der sogenannten Doppelschicht von Helmholtz — ihr Gleichgewicht finden. Wir verdanken Nernst eine mathematische Formulierung dieser theoretischen Anschauungen, die von äusserster praktischer Wichtigkeit ist. Er hat zuerst gezeigt, dass die elektromotorische Kraft in einem Fall wie dem obigen sich in zwei Komponenten auflösen lässt, deren einer das Potential des Wasserstoffs gegenüber der Chlorwasserstofflösung, der andere das des Chlors gegenüber derselben Lösung ist. Diese einzelnen elektromotorischen Kräfte lassen sich entsprechend den folgenden Gleichungen formulieren:

$$\pi_1 = \frac{RT}{n_e \varepsilon_0} \ln \frac{P_1}{p_1} \text{ Volt,} \qquad (1)$$

$$\pi_2 = \frac{RT}{n_\varepsilon \varepsilon_0} \ln \frac{P_2}{p_2} \text{ Volt,} \qquad (2)$$

worin n_e die Wertigkeit des in Frage stehenden Elements, P_1 und P_2 die Lösungstensionen des Wasserstoffs resp. des Chlors, p_1 und p_2 den osmotischen Druck der Chlorwasserstofflösung und $\frac{RT}{\varepsilon_0}$ eine Konstante, die sich von der Umwandlung osmotischer Energie in elektrische herleitet und ohne weiteres berechenbar ist, bedeuten. Aus den obigen Gleichungen folgt durch Verbindung, da p_1 und p_2, der osmotische Druck der Chlorwasserstofflösung, eine Konstante ist, dass die elektromotorische Kraft der Kette durch die folgende Gleichung dargestellt wird:

$$\pi_2 - \pi_1 = \pi = \frac{RT}{n_e \varepsilon_0} \left(\ln \frac{P_2}{p_2} - \ln \frac{P_1}{p_1} \right) \text{ Volt,} \qquad (3)$$

oder
$$\pi = \frac{RT}{n_\varepsilon \varepsilon_0} \ln \frac{P_2}{P_1} \text{ Volt,}$$

oder mit Einsetzung des Wertes von $\frac{RT}{\varepsilon_0}$ und Verwertung dekadischer statt natürlicher Logarithmen:

$$\pi = 0.0002 \, T \log \frac{P_2}{P_1} \text{ Volt.}$$

Die Werte für P_1 und P_2, die elektrolytischen Lösungstensionen des Wasserstoffs und Chlors, sind nicht mit genügender Sicherheit bekannt, um sich in die obige Gleichung einsetzen und daraus das Potential berechnen zu lassen. Es interessieren übrigens an dieser Stelle weniger die absoluten Werte der Lösungstensionen, als die theoretischen Folgerungen, die wir im stande sind, aus dieser Gleichung, die von allgemeiner Anwendbarkeit auf Gasketten ist, abzuleiten.

Zunächst geht aus der Betrachtung der obigen Gleichung hervor, dass die elektromotorische Kraft für denselben Elektrolyten unabhängig sein wird von dessen Konzentration, da der osmotische Druck für die Rechnung ausser Betracht bleibt, weiter wird, da die Lösungstension für ein gegebenes Metall eine von der Natur der wässerigen Lösung unabhängige Konstante ist, die elektromotorische Kraft einer Gaskette ganz unabhängig sein von der wässrigen Lösung der Säure, der Base, des Salzes, welche als Elektrolyt dienen.

Ein Fall, welcher hier Erwähnung finden muss, ist der, in dem ein und dasselbe Gas doppelt als Elektrode verwertet ist, und zwar unter verschiedenem Druck.

Hier wie zuvor können wir die Werte der einzelnen Elektroden durch die Gleichungen

$$\pi_1 = \frac{0{\cdot}0002\,T}{2} \log \frac{P_1}{p_1} \text{ Volt}$$

$$\pi_2 = \frac{0{\cdot}0002\,T}{2} \log \frac{P_2}{p_2} \text{ Volt}$$

darstellen. P_1 und P_2 sind hier die Lösungstensionen des in Frage stehenden Gases und p_1 und p_2 die Drucke auf die entsprechenden Elektroden, woraus folgt, da die Lösungstension konstant ist,

$$\pi_1 - \pi_2 = \pi = \frac{0{\cdot}0002\,T}{2} \log \frac{p_2}{p_1} \text{ Volt.}$$

Die Konstante $\frac{RT}{\varepsilon_0}$ ist hier durch 2 dividiert, da das Wasserstoffmolekül, das in den Ionenzustand übergeht, aus zwei Atomen besteht.

Dieser Fall unterscheidet sich sehr wenig von dem der Konzentrationskette, wo dasselbe Gas in Berührung mit zwei Konzentrationen desselben Elektrolyten steht. Im letzteren Fall aber handelt es sich um ein Gleichgewicht des osmotischen Druckes, und das Gas wird bloss eine Art Energievorrat, ein solches Gleichgewicht hervorzubringen. Seine elektromotorische Kraft wird durch die Gleichung

$$\pi = 0{\cdot}0002\,T \log \frac{p_2}{p_1}$$

dargestellt, worin p_2 und p_1 die osmotischen Drucke der betreffenden Lösungen sind.

Mit dieser kurzen Übersicht über die allgemeine Theorie der Gasketten überlassen wir die einzelnen Seiten der Frage einer späteren genaueren Erörterung.

Beschreibung und Anordnung des Apparats.

Die Form der gebrauchten Gasketten war ähnlich der von Peirce. Fig. 1 zeigt die Gestalt der Kette. Die benutzten Glascylinder waren ungefähr 30 cm hoch und 3 cm im Durchmesser; die Gefässe, die sie aufnahmen, gewöhnliche Bechergläser. Die Cylinder wurden mit dem Elektrolyten gefüllt und das Gas durch einfache Verdrängung eingebracht. Jeder dieser Cylinder enthielt zwei oder drei Elektroden von gleicher Länge, und beim Füllen des Cylinders mit Gas wurde so viel

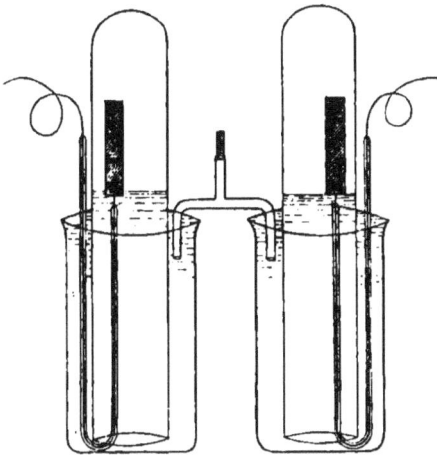
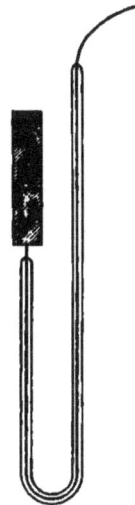

Fig. 1.   Fig. 2.

davon eingelassen, dass das untere Ende der Elektrode eben noch unter die Oberfläche der Flüssigkeit tauchte. Um die Vermischung der Elektrolyten zu vermeiden, wurde, wo verschiedene Lösungen, oder Lösungen von verschiedener Konzentration verwendet wurden, etwas Baumwolle statt eines Hebers benutzt. Waren die angewandten Gase verschieden, aber der Elektrolyt derselbe, so fand ich es am bequemsten, als Cylinder grosse Probiergläser zu benutzen und beide in ein und dasselbe Becherglas zu stellen. Auf diese Weise war gleichzeitig die innere Verbindung hergestellt.

Die Elektroden waren entsprechend Fig. 2 gefertigt. Die eigentliche Elektrode bestand aus einem Platinblechstreifen, ungefähr 3 cm lang und $^3/_4$ cm breit. An diesen war ein Stückchen Platindraht geschweisst und dieser in ein U-förmiges Glasröhrchen eingeschmolzen. Ein innerhalb des Röhrchens mit dem Platin verbundener Kupferdraht vervollständigte die äussere Verbindung.

Da blanke Platinelektroden sehr abweichende Resultate ergeben, stellte sich als nötig heraus, sie sehr sorgfältig mit einer gleichmässigen Lage von Platinschwarz zu überziehen. Für diesen Zweck ward zwei- bis dreiprozentige Platinchloridlösung gebraucht. Die in der obigen Weise hergestellten Elektroden wurden zuerst mit konzentrierter Salpetersäure und dann mit Kalilauge gewaschen, um alle organische Substanz von der Oberfläche zu entfernen. Mehrere zusammengebundene und in die Chlorplatinlösung getauchte Elektroden wurden dann mit der Anode eines Leclanché-Paares verbunden. Binnen 3—4 Minuten überziehen sich die Elektroden mit einer schönen gleichmässigen Schicht von Platinschwarz. In dem Platinschwarz ist stets mehr oder weniger Chlor okkludiert, das die Elektroden zunächst inkonstant macht. Am leichtesten entfernt man dasselbe mittels der folgenden Behandlungsweise. Man verbindet die Elektroden mit der Anode eines Leclanché-paares in einer schwachen Schwefelsäurelösung und lässt sich ungefähr eine halbe Stunde lang Wasserstoff entwickeln. Der Wasserstoff verbindet sich allmählich mit dem okkludierten Chlor, um als Chlorwasserstoff in Lösung zu gehen. Die so von Chlor befreiten Elektroden sind jetzt mit Wasserstoff gesättigt, zu dessen Entfernung man den Strom einige Minuten lang in entgegengesetzter Richtung durchgehen lässt. Das Platinschwarz absorbiert nur geringe Mengen Sauerstoff, und die so behandelten Elektroden sind, nachdem sie einige Stunden lang in verdünnter Schwefelsäure gestanden haben, bis auf weniger als 0·0005 Volt konstant. Überdies stimmten frisch platinierte Elektroden bis auf weniger als 0·001 Volt mit solchen überein, die viele Tage früher platiniert worden waren. Öfteres Reiben an den Wänden des Glascylinders nimmt leicht einen Teil des Platinschwarzüberzuges hinweg, es müssen daher die Elektroden zur Sicherung konstanter Resultate von Zeit zu Zeit aufs neue platiniert werden.

Die Anordnung des Apparats ist in Fig. 3 gegeben. Die Messungen wurden mit dem Lippmannschen Kapillarelektrometer ausgeführt. Der Widerstandskasten enthielt 1000 Ohm Widerstand, aus 10 Einzelwiderständen von je 10 Ohm Widerstand und 9 von je 100 Ohm gebildet, so dass ein beliebiger Bruchteil der ursprünglichen 1000

Ohm benutzt werden konnte. Wenn das Potential zwischen den End-klemmen gleich 0·5 Volt gemacht wurde, so bewirkten 10 Ohm oder 0·02 Volt eine Bewegung des Quecksilbermeniskus im Elektrometer über ca. 45 Skalenteile weg. Dies ermöglichte ziemlich genaue Messungen bis auf 0·0001 Volt. Die verschiedenen Widerstände wurden gegen ein Normal und gegen einander kalibriert und zeigten Differenzen von weniger als 0·02 Ohm. Als „Arbeitselement" erweist sich ein grosses Leclanché-Element mit Braunstein am zweckdienlichsten. Bei

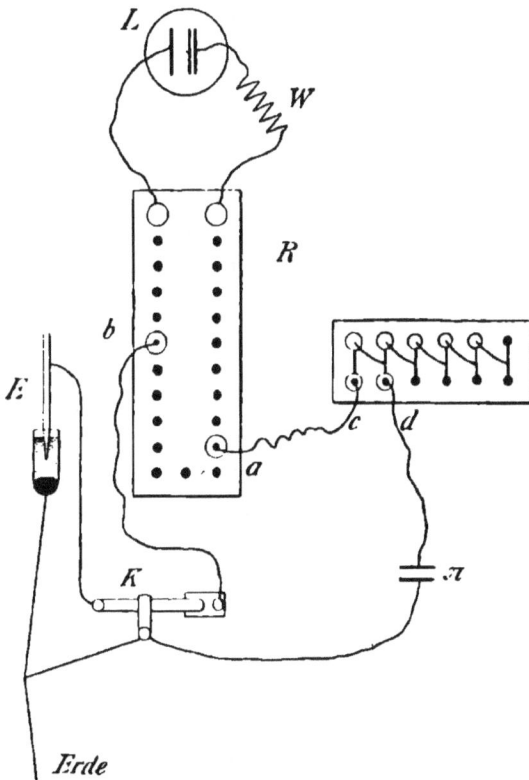

Fig. 3.

sorgfältiger Benutzung bleibt ein solches wochenlang praktisch konstant. Als Standard, um das Leclanché-Element zu kalibrieren, diente ein Helmholtzelement, das so hergestellt war, dass es genau 1 Volt Po-tential besass. Vor und nach jeder Messungsreihe wurde das Leclanché genau gemessen. Zur Herstellung des Voltelements wurde ein Clark-element gebraucht, dessen Potential zu $1·438 — (t — 15^0) 0·0011$ legale Volt angenommen wurde.

Zur Darstellung des Wasserstoffs wurde ein gewöhnlicher Kippscher Apparat und käufliches Zink benutzt. Der entwickelte Wasserstoff wurde durch Waschflaschen mit Kaliumpermanganat und Kalilauge geleitet, um ihn von Verunreinigungen zu befreien. Auf diese Weise dargestellter Wasserstoff ergab genau die gleichen Werte, wie aus chemisch reinem Zink und Schwefelsäure bereiteter. Gleichfalls wurde der Sauerstoff auf dem gewöhnlichen Wege durch Erhitzen von Kaliumchlorat bereitet und von anhängendem Chlor durch mehrere Waschflaschen, die mit konzentrierter Kalilauge gefüllt waren, befreit. Auf diese Weise dargestellter Sauerstoff gab einen Wert, der identisch war mit dem des elektrolytisch bereiteten. Ebenfalls stellte sich der Wert einer Wasserstoff-Sauerstoffkette, die aus den wie oben bereiteten Gasen gebildet war, als genau der gleiche heraus, wie der bei Anwendung der durch Elektrolyse an den Elektroden direkt entwickelten Gase erzielte. — Das benutzte Chlor wurde aus Chlorkalk in der gewöhnlichen Weise gewonnen und durch Hindurchleiten durch Wasser von Chlorwasserstoff befreit. Die bei den nachstehenden Versuchen gebrauchten Säuren waren chemisch reines Kahlbaumsches Fabrikat. Die Natronlauge bereitete ich direkt aus metallischem Natrium, um die Gegenwart von Karbonat möglichst zu vermeiden. Das Ammoniak wurde über Kalk destilliert und aufs neue von gut ausgekochtem Wasser absorbieren gelassen. Die Kalilauge war das gewöhnliche Präparat des Handels. Die verwendeten Salze waren die „chemisch reinen" von Kahlbaum und wurden einer zweifachen Umkrystallisierung unterworfen. Von allen genannten Säuren, Basen und Salzen wurden Äquivalentnormallösungen hergestellt.

I. Teil.

Versuche mit Wasserstoff und Sauerstoff.
Einfluss der Beschaffenheit und Grösse der Elektroden auf die elektromotorische Kraft der Gaskette.

Die auf den folgenden Seiten wiedergegebenen Messungen wurden mit Platinelektroden ausgeführt, die in der oben angegebenen Weise mit einem dünnen Überzuge von Platinschwarz versehen waren. Von den übrigen unangreifbaren Metallen wurde dem Platin wegen der grösseren Konstanz, die Elektroden aus diesem Metall aufwiesen, der Vorzug gegeben. Gleichwohl ist, da, wie Le Blanc gezeigt hat[1]), der in der Wasserstoff-Sauerstoff-Kette sich abspielende Vorgang, die Bil-

---

[1]) Zeitschr. f. physik. Chemie 12, 351. 1893.

dung von Wasser, ein strikt umkehrbarer Prozess ist, wie oben erwähnt, die elektromotorische Kraft der Gaskette von der Beschaffenheit der verschiedenen unangreifbaren Metallelektroden ganz unabhängig. Wir gelangen zu demselben Schlusse, wenn wir die Vorgänge an den Elektroden betrachten und nach der bekannten Methode formulieren. Denn nehmen wir an, wir haben Elektroden aus zwei verschiedenen unangreifbaren Metallen, z. B. Platin und Palladium, die von demselben Gase umgeben sind und in denselben Elektrolyten tauchen. Es liesse sich dann die elektromotorische Kraft an jeder einzelnen Elektrode nach den von Nernst abgeleiteten Gleichungen formulieren:

$$\pi_1 = 0.0002 \; T \log \frac{P_1}{p_1} \; \text{Volt}$$

$$\pi_2 = 0.0002 \; T \log \frac{P_2}{p_2} \; \text{Volt}.$$

Aus den vorstehenden Gleichungen erhalten wir, da p_1 und p_2, die osmotischen Drucke an den Elektroden, gleich sind

$$\pi_1 - \pi_2 = 0.0002 \; T \log \frac{P_1}{P_2} \; \text{Volt}$$

als das Potential zwischen den zwei Elektroden. In dieser Gleichung stellen P_1 und P_2 die Lösungstension des Wasserstoffs in Platin resp. Palladium gegenüber dem in Frage stehenden Elektrolyten dar. Wenn hier zwischen den Elektroden ein Potential existierte, so widerspräche dies augenscheinlich dem zweiten Hauptsatze, denn es wäre dann ein konstantes Streben nach einem Gleichgewichtszustande vorhanden, in anderen Worten das „perpetuum mobile" wäre zur Thatsache geworden. Demgemäss spielen die Metallelektroden bei der Erzeugung der elektromotorischen Kraft keine andere Rolle, als dass sie dem Gase eine grössere Flüssigkeitsfläche bieten und damit seine Auflösung unterstützen. Wir können die Elektroden dann als gleicher Natur mit den sie umgebenden Gasen betrachten, so dass man sie als Wasserstoff-, Sauerstoff-, Chlor- etc. Elektroden bezeichnen kann.

Eine experimentelle. Bestätigung der obigen einfachen Deduktion ist leider nicht so leicht zu geben. Denn da schon blanke Elektroden von demselben Metall keine Resultate geben, die besser miteinander übereinstimmen als auf 0.02—0.03 Volt, so ist zu erwarten, dass blanke Elektroden aus verschiedenen Metallen gänzlich abweichende Resultate geben werden [1]. Überdies folgt aus Versuchen darüber, wie weit die

---

[1] In der neuesten Zeit hat Herr Neumann ganz analoge Bestimmungen mit Pt- und Pd-Elektroden, überschichtet aber mit Pt- und Pd-Schwarz, veröffentlicht. Die Werte zeigen sich konstant bis 0.001 Volt (Ztschr. f. phys. Chem. 14, 203. 1894)

Grösse der Elektroden von Einfluss auf die elektromotorische Kraft sei,
dass für Elektroden verschiedener Natur das Maximum der zu einem
konstanten Potential erforderlichen Grösse ein verschiedenes ist.
Die nachstehenden Messungen wurden mit blanken Elektroden von
ungefähr 3 cm Länge und $^1/_2$ cm Breite erhalten. Die Gase waren bei
allen Messungen Wasserstoff und Sauerstoff, der Elektrolyt Schwefelsäure.

Tabelle 1.

Elektrode	Gemessene elektromot. Kraft	Wert der Wasserstoff-Elektrode	Wert der Sauerstoff-Elektrode
Platin	0·693	0·277	0·417
Palladium	0·684	0·270	0·412
Gold	0·655	0·258	0·415
Kohle	—	—	0·397

Die ersten drei zeigen, wie man sieht, eine leidliche Übereinstimmung, während mit der Kohle gar keine konstanten Resultate zu bekommen waren. Die Werte der Einzelelektroden in der obigen Tabelle
sind gegen eine konstante Kalomelelektrode ($Hg.HgClKCl$) direkt gemessen. Bemerkenswert ist die leidliche Konstanz der Sauerstoffelektrode, besonders bei Kohle, obgleich diese Elektrode mit Wasserstoff gar keine sicheren Messungen giebt. Die obigen Messungen stimmen
im wesentlichen zu den Beobachtungen von Beetz, der die elektromotorischen Polarisationskräfte von Kohle und Palladium mass und sie
sehr verschieden fand. Es können die obigen Messungen nur als grobe
Annäherungen genommen werden, da die Werte der einzelnen Bestimmungen oft um mehrere Hundertstel Volt voneinander abweichen.

Genau dasselbe Argument wie für die Konstanz der elektromotorischen Kraft unter Benutzung verschiedener unangreifbarer Metallelektroden gilt für den analogen Fall der Beeinflussung der elektromotorischen
Kraft durch die Grösse der Elektrode. Gleichwohl widersprechen sich
scheinbar auch hier die theoretischen Forderungen und die thatsächlichen
Messungswerte, wenn sich hier auch leicht eine Erklärung dafür geben
lässt. Ich stellte Versuche mit 4 Grössen platinierter Elektroden an.
Erstens mit 0·3 mm starken Drähten, zweitens mit 2 mm breitem Blech,
drittens mit ca. 7 mm breitem und endlich mit 1 cm breitem Blech.
Die Länge betrug in allen Fällen 3 cm. — Die folgenden Messungen
wurden mit einer Wasserstoff-Sauerstoff-Kette und Normal-Schwefelsäure
ausgeführt.

Wie man sieht, steigt die elektromotorische Kraft mit zunehmender
Grösse der Elektrode, bis ein Maximum erreicht wird, über das hinaus sie

— 17 —

konstant bleibt. Um festzustellen, ob die Inkonstanz auf Rechnung der Wasserstoff- oder der Sauerstoffelektrode komme, mass ich ihre Werte einzeln gegen eine normale Kalomelelektrode. Diese Messungen zeigen, dass der Wert der Wasserstoffelektrode praktisch konstant ist, wohingegen der der Sauerstoffelektrode mit zunehmender Grösse der Metallelektrode steigt, bis ein Maximum erreicht ist. Diese Inkonstanz lässt sich wohl auf die geringe Absorption des Sauerstoffs durch das Platinschwarz zurückführen.

Tabelle 2.

Grösse der Elektroden	Direkt gemessene elektrom. Kraft	Wert der Wasserstoff-Elektrode	Wert der Sauerstoff-Elektrode
0·2 mm	0·733	0·323	0·410
2	1·017	0·317	0·699
7	1·073	0·317	0·745
10	1·070	0·317	0·744

Infolge dieser schwächeren Absorption muss dem Gase eine viel grössere Fläche geboten werden, ehe das der Wasserstoffelektrode entsprechende Maximum erreicht werden kann. Wenn diese Absorption und Auflösung nicht dieses Maximum erreicht hat, und dabei, wie in unserem Falle, die Kapazität des Elektrometers sehr gross ist, so drängt in dem Moment, wo der Strom geschlossen wird, der Stoss so viele OH-Ionen aus der Lösung, dass sich ihre Konzentration mehr oder weniger ändert. Die Folge von dieser Änderung der Konzentration der OH-Ionen ist die, dass sich die elektromotorische Kraft nicht nur inkonstant, sondern auch zu niedrig zeigt, bis so viel Sauerstoff in Lösung gegangen ist, dass der Verlust durch Stromschluss vernachlässigt werden kann. Man wird bemerken, dass die alleinige Ursache der Unregelmässigkeit in der grossen Kapazität des Elektrometers liegt. Bei Anwendung eines Elektrometers von kleiner Kapazität wird die Abweichung von dem Maximalwerte kleiner und kleiner, bis die Grösse der Elektroden endlich, im Falle eines Elektrometers von zu vernachlässigender Kapazität, auf die elektromotorische Kraft keinen Einfluss mehr haben kann. Für ein gewöhnliches Elektrometer existiert, wie gesagt, gleichwohl für jedes Gas ein bestimmtes Lösungsmaximum, das erreicht werden muss, ehe sich konstante Werte erhalten lassen, und die Elektroden müssen, da für das in Rede stehende Gas die Lösung von dem Absorptionsvermögen des Platinschwarzes abhängt, von einer gewissen Grösse sein, dass dieses Lösungsmaximum erreicht werden könne.

Es ist wahrscheinlich, dass die relativ niedrigen Werte für die elektromotorische Kraft, die Peirce erhielt[1]), auf diese Weise zu er-

1) Wied. Ann. 8, 118. 1878.

2

klären sind. In der That zeigen Peirces Werte mit den von mir mit
den Elektroden Grösse (2) erhaltenen eine überraschende Übereinstimmung.

Es stand zu hoffen, dass sich durch direkte Anwendung eines Oxy-
dationsmittels, das die Elektroden durch seine Zersetzung beständig mit
Sauerstoff bedeckt erhält, das Lösungsmaximum leichter erreichen und
konstantere Werte erlangen lassen würden. Ebenso war Aussicht da,
dass nach dieser Methode Elektroden von verschiedenen unangreifbaren
Metallen gleiche elektromotorische Kräfte geben würden. Das benutzte
Oxydationsmittel war eine Wasserstoffsuperoxydlösung, die Elektrolyten
0·1-normal Natronlauge und 0·1-normal Schwefelsäure. Eine solche
Kette, mit Sauerstoff gefüllt und auf die gewöhnliche Weise gemessen,
giebt eine elektromotorische Kraft von 0·790 Volt. Beim Zusatz verschiedener Mengen von zehnprozentigem Wasserstoffsuperoxyd zu den
obigen Elektrolyten, in die die Elektroden ganz eingetaucht waren,
wurden die folgenden Werte erhalten:

Tabelle 3.

Metall-Elektroden	Gemessene elektrom. Kraft	Potential der Säure-Elektrode	Potential der Base-Elektrode
Platin (blank)	0·533	0·470	0·062
Platin (schwarz)	0·566	0·513	0·053
Palladium	0·572	0·508	0·062
Gold	0·523		
Kohle	0·623		

Die Werte sind nicht allein zu niedrig, sondern es stimmten auch die
verschiedenen Messungen nicht besser als auf mehrere Hundertstel Volt
überein. Es finden diese niedrigen Werte ihre Erklärung in den oben
gegebenen Messungen der elektromotorischen Kräfte der Einzelelektroden.
Wenn wir diese Werte mit den auf S. 23 gegebenen vergleichen, finden
wir die für Sauerstoff gegen die Normalsäurelösung viel zu niedrig,
während die für Sauerstoff gegen Normal-Natronlauge ungefähr gleich
sind. Diese Unregelmässigkeit auf seiten der Säureelektrode ist wahrscheinlich auf die bekannte reduzierende Wirkung des Wasserstoffsuper-
oxyds zurückzuführen.

**Einfluss der Natur und Konzentration des Elektrolyten
auf die elektromotorische Kraft der Gaskette.**

Offenbar ist dies das wichtigste Kapitel einer Arbeit über Gasketten und legt zugleich die strengste Probe von dem Werte der Theorie

ab. Denn hier kommen nicht nur die einfachen Vorgänge von Absorption und Lösung an den verschiedenen Elektroden, sondern auch die chemische Reaktion in Betracht, die in dem Elemente vor sich geht, und dies insofern sie von Einfluss auf die Natur des Elektrolyten und sonach auf die elektromotorische Kraft der Kette ist.

Betrachten wir wieder den schon (S. 8) erwähnten Fall einer Wasserstoff-Chlor-Gaskette, in der Chlorwasserstoff Elektrolyt ist. Wie bereits angedeutet, wird der H-Pol negativ, weil auf dieser Elektrode Wasserstoffmoleküle als positiv geladene H-Ionen in Lösung gehen; der Chlorpol wird aber positiv geladen, da auf dieser Elektrode die Moleküle des Chlors als negativ geladene Cl-Ionen in Lösung gehen. Wird die Verbindung hergestellt, so findet die Überführung des Stromes durch die Lösung mittels der H- und Cl-Ionen des Elektrolyten statt, wobei die H-Ionen zu dem negativ geladenen H-Pol und die Cl-Ionen zu dem positiv geladenen Cl-Pol wandern. Gleichwohl wird, da die H-Ionen sich so viel schneller fortbewegen als die Cl-Ionen, ein allmähliches Wachsen der Konzentration am Cl-Pol, und eine entsprechende Verdünnung am H-Pol stattfinden. Da indes die Dauer des Stromes nur momentan ist, so wird diese Konzentrationsänderung zu gering sein, um den osmotischen Druck und daher die elektromotorische Kraft in irgend merklichem Grade zu beeinflussen.

Die Reaktion in der Wasserstoff-Sauerstoff-Kette weicht nur wenig von der geschilderten ab. Gleichwohl machen wir hier die Annahme (weil alle bisherigen Forschungen die Unfähigkeit der O-Ionen, in freiem Zustande zu existieren, wahrscheinlich machen), dass der Sauerstoff als negativ geladene OH-Ionen in Lösung geht. Der chemische Prozess, der sich in einer Wasserstoff-Sauerstoff-Kette abspielt, wird sonach, wenn eine Säure oder Base als Elektrolyt benutzt wird, in der Vereinigung von Wasserstoff und Sauerstoff zu Wasser bestehen, oder genauer, in der Konzentration des Elektrolyten am positiven Pole und einer Verdünnung am negativen Pole, gerade wie im obigen Falle. Auch hier wird dieser Konzentrationswechsel, da die Dauer des Stromschlusses momentan ist, keinen Einfluss auf die elektromotorische Kraft haben können.

Ein etwas abweichender Fall tritt gleichwohl ein, wenn wir eine Lösung eines Salzes als Elektrolyten benutzen. Denn hier wird die Tendenz vorhanden sein, an der Wasserstoffelektrode eine Säure zu bilden, während sich am Sauerstoffpol eine Base ausscheidet. Die Wirkung davon wird sein, dass die partiellen osmotischen Drucke sich ändern. Da der Stromschluss momentan ist, werden aber die so gebildeten

2*

Mengen Säure und Base keinen merklichen Einfluss auf die elektromotorische Kraft üben können.

Die Richtigkeit dieser Deduktionen wird klar, wenn wir die Umwandlung der Energie an den einzelnen Polen formulieren. Die elektromotorische Kraft am Wasserstoffpol lässt sich in der gewöhnlichen Weise ausdrücken durch

$$\pi_1 = 0.0002\ T \log \frac{P_1}{p_1},$$

die am Sauerstoffpol durch:

$$\pi_2 = \frac{0.0002}{2}\ T \log \frac{P_2}{p_1}\ \text{Volt},$$

oder die gesamte elektromotorische Kraft durch

$$\pi_1 - \pi_2 = \pi = 0.0002\ T\left(\log \frac{P_1}{p_1} - \frac{P_2}{p_2}\right)\ \text{Volt [1]}.$$

· Was die Glieder in Klammern betrifft, so ist es klar, dass p_1 und p_2, die osmotischen Drucke des Elektrolyten, bei gleicher Konzentration an jedem Pole dieselben sind, und dass sie für die Gleichung ausser Betracht bleiben. Die Werte P_1 und P_2 hingegen sind verschieden, denn jede Elektrode zeigt eine konstante Lösungstension, je nach ihrer Beschaffenheit eine besondere. Demnach hat unsere Gleichung für die elektromotorische Kraft der Gaskette dieselbe als gänzlich unabhängig von der Natur des Elektrolyten gezeigt, indem sie die Gestalt besitzt:

$$\pi = 0.0002\ T \log \frac{P_2}{P_1}\ \text{Volt}.$$

Wiederum leuchtet bei einer Betrachtung der obigen Gleichung ein, dass die elektromotorische Kraft der Gaskette ganz abhängig sein muss von der Konzentration des Elektrolyten, so weit es sich um ein und denselben Elektrolyten handelt. Denn da der osmotische Druck in der obigen Gleichung sich selbst aufhebt und die Lösungstension eine Konstante für alle Konzentrationen ist, so wird die elektromotorische Kraft der Gaskette als unabhängig von der Natur des Elektrolyten oder seiner Konzentration ihren Ausdruck in obiger Gleichung finden.

---

[1] Es ist zu bemerken, dass diese Gleichung nicht streng richtig ist. Wie man sieht, sollte sie lauten: $\pi = T\left(0.0002 \log \frac{P_1}{p_1} - 0.0001 \log \frac{P_2}{p_2}\right)$. Der Einfachheit halber, und da die Gleichung hier nur eine theoretische Bedeutung hat, geben wir sie in der obigen Form.

— 21 —

Messungen.

Die folgenden Messungen wurden mit Wasserstoff und Sauerstoff bei Zimmertemperatur (ca. 17°) ausgeführt. Die Elektroden waren nach der oben beschriebenen Methode hergestellt, und jede Messung wurde als Mittel von zwei Wasserstoff- und drei Sauerstoffelektroden erhalten. Die gegebenen Werte sind in jedem Falle das Mittel aus wiederholten Messungen mit 16 verschiedenen Elektroden. Die Gase waren wie früher angegeben dargestellt. Ehe Messungen vorgenommen werden konnten, musste die Kette, wie sich ergab, nach der Füllung 7 bis 8 Stunden stehen gelassen werden. Messungen, die bald nach dem Einlass der Gase ausgeführt werden, zeigen eine beträchtliche Inkonstanz. Wie zu vermuten war, ist diese Inkonstanz am grössten bei der Sauerstoff-Elektrode. Die Wasserstoff-Elektroden werden bereits innerhalb 2 bis 3 Stunden konstant. Für gewöhnlich liess ich die frisch gefüllte Kette über Nacht stehen. Ich hoffte, die Messungen leichter und schneller auszuführen, wenn ein starker Strom durch die Lösung hindurchginge, so dass sich Wasserstoff und Sauerstoff an den Elektroden entwickelten. Der zuerst erlangte Wert war sehr hoch, ungefähr 1·35 Volt. Er wurde aber allmählich kleiner und blieb schliesslich auf demselben Punkte konstant, den der Wert der wie gewöhnlich gefüllten Kette in ungefähr derselben Zeit erreichte. Die Cylinder waren so weit mit Gas gefüllt, dass der untere Teil der Elektrode die Oberfläche der Flüssigkeit berührte. An der Wasserstoff-Elektrode war die Gasabsorption sehr beträchtlich, an der Sauerstoff-Elektrode nach 7 bis 8 stündigem Stehen kaum bemerkbar.

In den nachstehenden Tabellen sind die Resultate einer Anzahl Messungen an Säuren, Basen und Salzen wiedergegeben, auch finden sich darin die Werte für verschiedene Konzentrationen, da wir ihrer später für die Erörterung dieser verschiedenen Resultate bedürfen. Weiter sind, um gewisse scheinbare Widersprüche in den Resultaten zu erklären, in den letzten zwei Spalten die Werte der Wasserstoff-, resp. Sauerstoff-Elektrode für sich gegeben, wie sie in jedem Falle gegen eine konstante Kalomel-Elektrode[1]) gemessen wurden. Ein paar solcher Elektroden, von denen nur die eine beständig benutzt wurde, differierten nach Verlauf mehrerer Monate um ca. 0·001 Volt und von ähnlichen im Laboratorium gebrauchten Elementen um 0·001—0·002 Volt. Die in jedem Falle gegebenen Werte sind keine absoluten — d. h. sie

---

[1]) Eine Beschreibung dieser Konstant-Elektroden siehe: Ostwald, Hand- und Hilfsbuch zur Ausführung physiko-chemischer Messungen, S. 257.

beziehen sich nicht auf den zu 0·560 Volt angenommenen Wert der Normal-Elektrode — vielmehr sind es durch direkte Messung gegen diese letztere erhaltene Werte. Die angewandten Lösungen waren in allen Fällen äquivalent-normal, d. h. es waren äquivalente Gewichte in Grammen in Wasser gelöst und auf 1 Liter gebracht. Die Werte dürfen auf 0·001 Volt genau angenommen werden, da die verschiedenen Messungen untereinander um 0·001—0·002 Volt differierten, und in jedem Fall das Mittel aus wiederholten Messungen gegeben ist. Die Werte der Wasserstoff-Elektroden waren für dieselbe Konzentration bis auf weniger als 0·001 Volt konstant, die der Sauerstoff-Elektrode wechselten zwischen 0·001 und 0·002 Volt.

Tabelle 4.

Messungen der Wasserstoff-Sauerstoff-Kette mit verschiedenen Elektrolyten.

Elektrolyt	Konzentration		Direkt gemessene elektrom. Kraft	Wert der Wasserstoff-Elektrode	Wert der Sauerstoff-Elektrode
Schwefelsäure		normal	1·074	0·321	0·752
	0·1-	,,	1·070	0·363	0·706
	0·01-	,,	1·073	0·390	0·688
	0·001-	,,	1·074	0·396	0·674
		Mittelwert 1·073.			
Salzsäure	5-	normal	0·688	0·272	0·415
	4-	,,	0·722	0·282	0·440
	3-	,,	0·774	0·289	0·483
	2-	,,	0·807	0·299	0·507
		normal	0·878	0·317	0·562
	0·1-	,,	0·998	0·332	0·665
	0·01-	,,	1·036	0·391	0·642
	0·001-	,,	1·055	0·438	0·616
	0·0005-	,,	1·080	0·469	0·610
	0·00025-	,,	1·076	0·497	0·583
Phosphorsäure		normal	1·068	0·355	0·716
	0·1-	,,	1·074	0·375	0·699
	0·01-	,,	1·075	0·396	0·676
	0·001-	,,	1·072	0·417	0·654
		Mittelwert 1·072.			
Essigsäure		normal	0·949	0·417	0·532
	0·1-	,,	1·051	0·437	0·601
	0·01-	,,	1·052	0·469	0·583
	0·001-	,,	1·054	0·495	0·559
Chloressigsäure		normal	1·070	0·354	0·715
	0·1-	,,	1·072	0·386	0·686
	0·01-	,,	1·068	0·416	0·652
	0·001-	,,	1·073	0·451	0·622
		Mittelwert 1·071.			

Elektrolyt	Konzentration		Direkt gemessene elektrom. Kraft	Wert der Wasserstoff-Elektrode	Wert der Sauerstoff-Elektrode
Bromwasserstoff-säure	0·1-	normal	0·773	0.333	0·441
	0·01-	„	0·863	0·386	0·486
	0·001-	„	1·020	0·430	0·590
	0·002-	„	1·032	0·439	0·593
	0·004-	„	1·042	0·445	0·597
Jodwasserstoff	0·1-	normal	0·594	0·335	0·257
	0·01-	„	0·679	0·389	0·292
	0·001-	„	0·789	0·439	0·350
	0·002-	„	0·827	0·446	0·381
	0·004-	„	0·860	0·453	0·407
Natronlauge		normal	1·089	1·052	0·038
	0·1-	„	1·088	1·015	0·074
	0·01-	„	1·088	0·985	0·102
	0·001-	„	1·084	0·950	0·135
		Mittelwert 1·087.			
Kalilauge		normal	1·091	1·053	0·037
	0·1-	„	1·098	1·027	0·072
	0·01-	„	1·095	0·991	0·103
	0·001-	„	1·093	0·954	0·137
		Mittelwert 1·094.			
Ammoniak		normal	0·957	0·937	0·020
	0·1-	„	0·976	0·922	0·054
	0·01-	„	0·969	0·897	0·072
	0·001-	„	0·979	0·889	0·090
Natriumsulfat		normal	1·065	0·524	0·541
	0·1-	„	1·074	0·547	0·527
	0·01-	„	1·069	0·563	0·506
	0·001-	„	1·069	0·572	0·497
		Mittelwert 1·069.			
Chlorkalium		normal	0·971	0·532	0·439
	0·1-	„	1·071	0·550	0·523
	0·01-	„	1·068	0·562	0·504
	0·001-	„	1·076	0·589	0·487
Chlornatrium		normal	0·969	0·530	0·439
Chlorzink		„	0·975		
Chlorkadmium		„	0·973		
Kaliumsulfat		„	1·066	0·526	0·540
Natriumacetat		„	0·996		

Ein Blick auf die vorstehenden Tabellen lehrt, dass die elektromotorische Kraft für die Mehrzahl der angewandten Elektrolyten einen konstanten Wert zeigt, in runden Zahlen 1·075 Volt. Einige der Elektrolyten aber weisen gleichwohl einen niedrigeren Wert auf. Diese Unregelmässigkeiten aber finden eine Erklärung in den sekundären Reaktionen, welche am Sauerstoffpole vor sich gehen. Betrachten wir zunächst den Fall der Salzsäure. Wie erwähnt gehen die Sauerstoffmolekeln in Lösung unter Bildung von OH-Ionen. Diese bilden mit den H-Ionen der Lösung Wasser, und gleichzeitig wird etwas freies Chlor ausgeschieden. Unter diesen Umständen haben wir es nicht mit dem Potential der OH-Ionen, sondern mit demjenigen der Cl-Ionen zu thun. Denn da die elektromotorische Kraft von Chlor gegen Chlorwasserstoff ungefähr 1·358 Volt, und die von Sauerstoff gegen dieselbe Lösung 0·8 Volt beträgt, wird das Chlor erst bei ·einer Verdünnung von etwa ein Millionstel-Normal dasselbe Potential wie der Sauerstoff zeigen. Wenn die Menge des ausgeschiedenen Chlors grösser ist, als dieser Verdünnung entspricht, dann bekommen wir statt des Potentials der OH-Ionen das der Cl-Ionen. Nimmt aber die Verdünnung zu, so nimmt, wie ein Blick auf die Werte für die Einzel-Elektrode in der voraufgehenden Tabelle lehrt (siehe die Messungen von Sauerstoff gegen Schwefelsäure), das Potential der Sauerstoff-Elektrode ab, während das der Chlor-Elektrode mit abnehmender Menge des vorhandenen Chlors zunimmt. Schliesslich erreicht die elektromotorische Kraft der Wasserstoff-Sauerstoff-Kette ihren wahren Wert, sobald das Potential der OH-Ionen kleiner wird, als das der Cl-Ionen. Wie man sieht, ist dies bei einer Verdünnung von etwa 0·0005-normal der Fall.

Eine solche sekundäre Reaktion ist auch durch elektrolytische Bestimmungen von Chlorwasserstoff bestätigt worden [1]. Es liefert daher Chlorwasserstoff, statt eine Ausnahme von der Theorie, eine gute Bestätigung derselben. Ähnlich erklären sich die Werte von Brom und Jod. Hier sind die Beträge an freiem Brom und Jod grösser, so gross sogar, dass bei der erreichten Verdünnung — 0·004-normal — der Wert der Sauerstoff-Elektrode noch zunimmt.

Die für Essigsäure gemessenen niedrigeren Werte sind nicht so leicht erklärbar. Denn eine sekundäre Reaktion der OH-Ionen auf die Essigsäure ist schwer vorzustellen. Dass aber eine solche Reaktion wirklich vorhanden ist, zeigt die Inkonstanz der Werte der Sauerstoff-Elektrode, welche für eine Normallösung Differenzen von ein paar Hundertstel Volt aufweisen.

Die mit Natronlauge und Kalilauge erhaltenen Werte sind etwas zu hoch. Eine Erklärung lässt sich für diese Abweichungen nicht

---

[1] G. Wiedemann, Elektrizität II, 508.

— 25 —

geben, ausser dass die etwa in den Lösungen enthaltenen Verunreinigungen die elektromotorische Kraft gesteigert haben könnten. Die Thatsache, dass die Natronlauge, welche möglichst rein dargestellt war, Werte liefert, die ungefähr um 0·01 Volt niedriger als die mit Kalilauge erhaltenen sind, scheint zu gunsten dieser Erklärung zu sprechen. Die mit Ammoniak erhaltenen Werte sind viel zu niedrig. Dies erklärt sich aber durch die bekannte sekundäre Reaktion, die sich an der Sauerstoff-Elektrode abspielt. Die für diese erhaltenen Werte differierten in einzelnen Fällen um 0·1 Volt voneinander; es bieten die Zahlen daher keine Sicherheit.

Ganz analog diesen sekundären Wirkungen auf der Sauerstoff-Elektrode ist der Vorgang auf der Wasserstoff-Elektrode bei der Benutzung von Chromsäure und Salpetersäure als Elektrolyten. Hier ist der Wert der Sauerstoff-Elektrode konstant, während der Wert der Wasserstoff-Elektrode beständig wechselt, infolge der Oxydationswirkung der Säure. Diese sekundäre Wirkung war zuweilen so stark, dass sich die Polarität geradezu umkehrte und doppelseitige Abweichungen von 0 bis zu 0·1—0·2 Volt abzulesen waren.

Wenden wir uns jetzt zu den an Salzen als Elektrolyten vorgenommenen Messungen. Hier überrascht uns die Analogie, die die Werte von Salzen verschiedener Säuren mit den für die Säuren selbst erhaltenen zeigen. Die Salze von Schwefelsäure liefern Werte, die von denen für Schwefelsäure selbst um weniger als 0·005 Volt abweichen, wohingegen die Salze von Chlorwasserstoff und Essigsäure niedrigere Werte zeigen, als die ihnen entsprechenden Säuren. Man wird auch bemerken, dass der Wert mit zunehmender Verdünnung zunimmt, um bei ungefähr 1·070 Volt sein Maximum zu erreichen. Gleichwohl sind diese Abweichungen wie im Fall der entsprechenden Säuren durch sekundäre Wirkungen zu erklären.

In seinem Lehrbuche legt Ostwald, wo er von dem Einfluss der Salze auf die elektromotorische Kraft der Gaskette handelt, dar[1]), dass die elektromotorische Kraft wegen der Bildung einer Säure an einem Pol und von Alkali am anderen herabgehen müsse. Dabei entsteht eine Änderung in dem partiellen osmotischen Drucke. „Es entsteht beiderseits ein osmotischer Gegendruck", der das Herabgehen der elektromotorischen Kraft zur Folge haben muss. Die Bildung von Säure und Alkali an den entsprechenden Polen lässt sich leicht nachweisen. Wenn man in die die Elektroden umgebende Lösung ein wenig Phenolphthaleïn

[1]) Lehrbuch der allgem. Chemie (2. Aufl.) 2, (1), 898.

giebt, die äussere Verbindung herstellt und die Kette ein paar Stunden lang in Thätigkeit lässt, so nimmt die Lösung am Sauerstoffpol eine tiefe Färbung an, die die Gegenwart von Alkali anzeigt, während die den Wasserstoffpol umgebende Flüssigkeit farblos bleibt und ihren entschieden sauren Charakter leicht erkennen lässt. Wie wird nun diese Säure- und Alkalibildung an den betreffenden Polen die elektromotorische Kraft beeinflussen? Ein Blick auf die für. die einzelnen Elektroden erhaltenen Werte giebt die Antwort darauf. Die Gegenwart von Säure am H-Pol erschwert die Lösung des Wasserstoffs; dadurch erhöht sich das Potential, während das Vorhandensein der Base am Sauerstoffpol eine Vergrösserung des Betrages an OH-Ionen bewirkt, wodurch die elektromotorische Kraft der Elektrode herabgesetzt wird. Wie man aber aus den für die Einzel-Elektroden auf S. 40 gegebenen Werten sieht, ist diese Erniedrigung des Potentials der OH-Ionen durch die Gegenwart der Base eine beträchtlichere, als die Steigerung des Potentials der H-Ionen durch das Vorhandensein der Säure. Es wird also die Wirkung einer als Elektrolyt benutzten Salzlösung die sein, die elektromotorische Kraft herabzudrücken, im Fall dass eine Bildung merklicher Mengen von Säure resp. Base stattfindet. Ist gleichwohl der Stromschluss momentan, wie er es bei Anwendung der Kompensations-Methode ist, so sind die gebildeten Mengen Säure resp. Base so ausserordentlich klein, dass die elektromotorische Kraft davon praktisch unberührt bleibt. Ein Herabgehen der elektromotorischen Kraft bei Anwendung von Natriumsulfat machte sich erst dann bemerklich, als die Kette mehrere Minuten lang geschlossen gewesen war.

Wir haben jetzt die Richtigkeit des Satzes, dass die elektromotorische Kraft unabhängig ist von den Elektrolyten, allein für die Wasserstoff-Sauerstoff-Gaskette geprüft; sehen wir nun zu, ob er seine Gültigkeit behält, wenn es sich um andere Gase handelt. Eine kurze Reihe von Versuchen wurde mit Chlor und Wasserstoff angestellt. Da Chlor im Licht auf Wasser einwirkt, wurden die nachstehenden Messungen im Dunkelzimmer ausgeführt. Die Temperatur war die gleiche wie früher, 17⁰.

Tabelle 5.
Messungen an einer Wasserstoff-Chlor-Gaskette.

Elektrolyt	Konzentration	Direkt gemessene elektrom. Kraft	Wert der Wasserstoff-Elektr.	Wert der Chlor-Elektrode
Chlorwasserstoff	normal	1·429	0·317	1·112
Chlorkalium	„	1·589	0·532	1·057
Chlornatrium	„	1·578	0·530	1·048
Chlorzink	„	1·535	0·469	1·077

Es waren hier die Chlor-Elektroden ebenso konstant, wie die Wasserstoff-Elektroden, insofern verschiedene Bestimmungen um weniger als 0·001 Volt voneinander abwichen. Unter den obigen Messungen, bei denen allein Chlorwasserstoff und seine Salze untersucht wurden, zeigen die Werte von dreien der letzteren eine befriedigende Übereinstimmung, wohingegen der Wert für Chlorwasserstoff beträchtlich niedriger ist. Diese Abweichung können wir hier, wie im Falle der Wasserstoff-Sauerstoff-Kette, auf die sekundäre Wirkung des freien Chlors, welches (unter Bildung von OH-Ionen) auf das Wasser einwirkt, zurückführen. Die elektromotorische Kraft der Chlor-Elektrode gegen Salzsäure ist viel grösser als die der Sauerstoff-Elektrode — etwa 1·120 Volt gegen 0·758. Die Wirkung der Gegenwart kleiner Mengen von OH-Ionen, die leichter aus der Lösung gedrängt werden, als die Cl-Ionen aus der konzentrierten Chlorlösung, wird die sein, dass sie die elektromotorische Kraft herabdrückt. Das Herabgehen derselben um 0·15 Volt ist allerdings ziemlich bedeutend, aber doch nicht mehr, als dasjenige, was bei der Wasserstoff-Sauerstoff-Kette auf sekundäre Ursachen zurückgeführt wurde.

Es ist interessant, die durch Substitution von Chlor durch Brom und Jod erlangten Werte zu vergleichen. Die angewandte Bromlösung war eine gesättigte Lösung von Brom in 0·1 Bromwasserstoff. Für die Messungen mit Jod diente ein Normal-Lösung von Jodwasserstoff, der Wasserstoffsuperoxyd zugesetzt ward, bis eine konzentrierte Lösung von Jod erhalten ward.

Tabelle 6.

Messungen mit Wasserstoff und Brom resp. Jod.

Kette	Elektrolyte	Direkt gemessene elektrom. Kraft	Wert der Wasserstoff-Elektrode	Wert der Sauerstoff-Elektr.
Wasserstoff-Brom	Bromwasserstoff	1·111	0·316	0·895
„ „	Bromnatrium	1·375		
Wasserstoff-Jod	Jodwasserstoff	0·530	0·319	0·211
„ „	Jodkalium	0·947		

Die Resultate waren in allen Fällen ganz konstant. Zum Vergleiche sind auch die von Peirce für Wasserstoff und Brom mit Bromnatrium und für die Wasserstoffjod-Kette mit Jodkalium erhaltenen Werte anhangsweise gegeben. Man wird daraus ersehen, dass das Verhalten des Broms und des Jods ein dem des Chlors ganz analoges ist und auf die gleiche sekundäre Wirkung zurückgeführt werden muss.

Ein paar Versuche wurden mit Luft statt mit reinem Sauerstoff angestellt, um den Einfluss zu bestimmen, den die Verdünnung des

Sauerstoffs etwa auf die elektromotorische Kraft haben könne. Ähnliche Versuche, mit Wasserstoff von Beetz ausgeführt, zeigten, dass erst bei einer Verdünnung des Wasserstoffs durch ein indifferentes Gas bis auf $^1/_{16}$ seines Volumens Abweichungen stattfinden. In der folgenden Tabelle sind die Messungen mit Wasserstoff und Luft gegeben und auch die entsprechenden Messungen mit Wasserstoff und Sauerstoff zum Vergleich eingesetzt.

Tabelle 7.

Messungen mit einer Wasserstoff-Luft-Kette.

Kette	Elektrolyt	Direkt gemessene elektrom. Kraft	Wert der Wasserstoff-Elektrode	Wert der Sauerstoff-Elektr.
Wasserstoff-Luft	0·1 Schwefelsäure	1·008	0·321	0·676
Wasserst.-Sauerstoff	„	1·070	0·321	0·748
Wasserstoff-Luft	0·1 Salzsäure	0·939	0·317	0·623
Wasserst.-Sauerstoff	„	0·998	0·317	0·682

Wie man sieht, sind die ersteren Werte etwas niedriger. Gleichwohl liess sich ein solches Herabgehen nach dem im vorigen Kapitel über den Einfluss der Grösse der Elektroden auf die elektromotorische Kraft Gesagten vorhersagen. Denn es konnte von derartigen Elektroden, die eine Maximallösung von Sauerstoff gaben, als das reine Gas gebraucht wurde, kaum angenommen werden, dass sie diesen Wert im Falle des mit einem indifferenten Gase bis auf $^1/_5$ seines Volums verdünnten Sauerstoffs liefern würden. Mit wachsender Grösse der Elektroden liess sich für Luft ungefähr derselbe Wert erwarten, wie der des reinen Sauerstoffs. (In der That konstatierte ich eine solche Zunahme der elektromotorischen Kraft bei Zunahme der Oberfläche der Elektroden.) Gleichwohl musste dieser Wert hier etwas kleiner ausfallen, insofern die *OH*-Ionen in diesem Falle unter einem Drucke stehen, der nur $^1/_5$ von dem beträgt, unter dem der reine Sauerstoff sich beim Versuch befindet. Es ist daher für die Wasserstoff-Luft-Kette ein um 0·006 Volt kleinerer Wert zu erwarten.

Ich habe die Werte für relativ wenig Gase gegeben, weil ich mit andern untersuchten Gasen gar keine konstanten Werte erhalten konnte. Auf Grund meines Studiums der Gasketten muss ich annehmen, dass allein die Gase, die sich miteinander unter Bildung bestimmter chemischer Verbindungen vereinigen, mit Vorteil zu benutzen sind, insofern andere Gase, die mehr oder minder chemisch indifferent gegeneinander sind, inkonstante Werte ergeben, denen kaum eine theoretische oder praktische Bedeutung beizumessen ist. Ein sehr interessanter Fall ist, bei aller Inkonstanz der dabei beobachteten elektromotorischen Kraft, trotzdem, dass augenscheinlich eine langsame chemische Vereinigung stattfindet, der der Oxydation des Kohlenoxyds unter Kohlensäurebildung. Es wurde ein geschlossenes Element gebildet, in dem statt Sauerstoff ein Oxydationsmittel (Quecksilberoxyd) benutzt wurde, während aus Oxalsäure und Schwefelsäure entwickeltes Kohlenoxyd den andern Pol der Kette bildete. Als Elektrolyt diente sorgfältig ausgekochtes Wasser, dem einige Tropfen Natronlauge zugesetzt wurden. In dieser Lösung war anfangs keine Spur Kohlensäure nachweisbar. Die Kette blieb mehrere Tage lang geschlossen. Alle Vorsichtsmassregeln waren getroffen, um den Luftzutritt zu verhindern. Das Kohlenoxyd verschwand allmählich, bis nach drei Tagen ungefähr 4 ccm aufgebraucht waren. Bei der Prüfung des Elektrolyten fand ich deutliche Spuren von Kohlensäure. Wenn auch einem Versuche wie diesem, als rein qualitativem, nicht allzu grosse Wichtigkeit beizumessen ist, so scheint er doch auf die allmähliche Oxydation des Kohlenoxyds zu Kohlensäure und eine gleichzeitige Umwandlung von chemischer in elektrische Energie hinzudeuten. Ferner kommt wahrscheinlich die Inkonstanz in den Messungen der elektromotorischen Kraft auf Rechnung der geringen Absorption des Kohlenoxyds durch das Platinschwarz und der daraus entstehenden Schwierigkeit, eine Maximallösung zu erlangen. Der für die elektromotorische Kraft der Kette erhaltene Wert war ungefähr 1 Volt.

Dass die Umwandlung chemischer in elektrische Energie keine vollständige ist, wurde zuerst durch die thermodynamischen Untersuchungen von Gibbs[1]) und später von Helmholtz[2]) bestätigt. Die elektrische Energie ist gleich der chemischen plus einem Korrektionsgliede, das von der absoluten Temperatur und dem Temperaturkoëffizienten der Kette abhängt. Diesen drückt die Gleichung

$$E_e = E_c + q$$

aus, wo E_e und E_c die elektrische, resp. chemische Energie der Kette in Wärmeäquivalenten darstellen und q der Wärmeverlust ist. Es ist nur nötig, die Werte in die obige Gleichung einzusetzen, um das Verhältnis der Umwandlung chemischer in elektrische Energie zu berechnen. Die elektromotorische Kraft der Wasserstoff-Sauerstoff-Kette kann mit 1·075 Volt angesetzt werden. Die mit 1 g Wasserstoff verknüpfte Energie beträgt 1·075 × 96500 Volt × Coulomb, oder 103740·10⁷

---

¹) Thermodynamische Studien, S. 397. Leipzig 1892.
² Gesamm. Abhandl. II, 961. Sitzungsber. Berl. Akad. Febr. 1892.

Ergs, und da nun 10^7 Ergs $= 0.002391\ K$, so ist die elektrische Energie 248 K äquivalent. Die Verbrennungswärme von 1 g Wasserstoff lässt sich gleich 342 setzen, oder wir haben in der Wasserstoff-Sauerstoff-Kette eine Umwandlung von etwa 73 % der chemischen Energie in elektrische. Daraus folgt, dass der Temperaturkoëffizient der Gasketten im Vergleich zu dem der Flüssigkeitsketten sehr gross ist. Gleichwohl ist nicht zu vergessen, dass wir es hier mit höchst verdünnten Lösungen zu thun haben, sowie dass die Berechnung der elektromotorischen Kraft der Gasketten solche Schwierigkeiten bietet, dass ein ganz normaler Wert kaum zu erwarten stand. Im Zusammenhange hiermit ist andererseits zu beobachten, dass, wenn unter Benutzung einer Schwefelsäurelösung als Elektrolyt sich Wasserstoff und Sauerstoff an den betreffenden Polen entwickeln, die bei sofortiger Messung erhaltene elektromotorische Kraft ungefähr 1.35 Volt beträgt, was einer Umwandlung von ungefähr 92 % der chemischen Energie in elektrische entspricht. Der für die Wasserstoff-Chlor-Kette erhaltene Wert ist, wenn auch etwas günstiger, doch immer noch ziemlich niedrig. Die elektromotorische Kraft von 1.42 Volt entspricht einem Wärmeäquivalent von 328 K, oder es haben sich, da die Verbindungswärme von Wasserstoff und Chlor in wässriger Lösung 393 K ist, ungefähr 83 % der chemischen Energie in elektrische umgewandelt. Die folgende Tabelle stellt die Resultate der früheren Messungen mit denen meiner eignen zusammen.

Tabelle 8.

Kombination	Elektrolyte	Vom Verfasser gemessene elektromot. Kraft	Wert von Peirce	Wert von Beetz
Wasserstoff-Sauerstoff	Schwefelsäure	1.073	1.019	1.080
„ „	Salzsäure	0.878		
„ „	Phosphorsäure	1.068		
„ „	Essigsäure	1.028		
„ „	Chloressigsäure	1.070		
„ „	Natronlauge	1.084		
„ „	Kalilauge	1.092		
„ „	Chlorkalium	0.971		
„ „	Chlornatrium	0.969	0.843	
„ „	Kaliumsulfat	1.066	0.768	
„ „	Natriumsulfat	1.065	0.768	
Wasserstoff-Chlor	Chlorwasserstoff	1.429	1.50	1.42
„ „	Chlornatrium	1.578	1.53	
	Chlorkalium	1.589	1.53	
Wasserstoff-Brom	Bromwasserstoff	1.111		
Wasserstoff-Jod	Jodwasserstoff	0.530		

Wie man sieht, ist die Anzahl der vergleichbaren Messungen sehr klein und die Übereinstimmung zwischen den Peirceschen Messungen und den meinigen durchaus keine genügende. Dagegen ist für die beiden vergleichbaren Fälle die Übereinstimmung zwischen den Beetz-schen und meinen Werten eine überaus befriedigende, und dies um so mehr, wenn man die sehr verschiedenen Methoden berücksichtigt, die zur Messung der elektromotorischen Kraft angewandt wurden.

Bei den bevorstehenden Versuchen unterblieb bei der Ermittelung der Werte der Einzel-Elektroden die Feststellung der Kontakt-Elektrizität zwischen der Normallösung der konstanten Elektrode und dem Elektrolyten der Gaskette. Diese Kontakt-Elektrizität kann ziemlich beträchtlich sein, besonders da, wo Säuren verwendet werden und die Differenz in den Wanderungsgeschwindigkeiten der H- und K-Ionen sehr gross ist. Da nun, wie Ostwald in seinem Lehrbuche gezeigt hat, die Kenntnis der elektromotorischen Kraft der Einzel-Elektroden sehr wertvoll ist, schien es geboten, die Werte der elektromotorischen Kraft von Wasserstoff und Sauerstoff, gegenüber verschiedenen Säuren und Basen, so sorgfältig als möglich zu bestimmen.

II. Teil.

Bestimmung der Werte der Einzelelektroden, Konzentrationsketten.

Die Messung der Werte der Einzelelektroden würde keine Schwierigkeit bieten, wenn nicht am Berührungspunkte der beiden Elektrolyten dank der ungleichen Wanderungsgeschwindigkeiten der Ionen eine Elektrizitätserzeugung stattfände. Bei Anwendung der gewöhnlichen Ionen der konstanten Elektrode, d. h. einer Kalomelelektrode mit einer Normallösung von Chlorkalium muss, wie sich zeigen wird, diese elektromotorische Kraft, wegen der grossen Unterschiede in den Wanderungsgeschwindigkeiten der H- und K-Ionen, welche sich ungefähr verhalten wie $272:42$, eine ganz beträchtliche sein. Nernst[1]) hat zuerst diese Kontaktelektrizität formuliert und berechnet. Indem er die für die Umwandlung von osmotischer oder Volumenergie in elektrische Energie erhaltene Konstante als Basis nahm und die Werte der Wanderungsgeschwindigkeiten mit einbezog, gelangte er zu der folgenden einfachen Gleichung:

$$\pi = \frac{0.0002\, T}{n_e} \frac{u-v}{u+v} \log \frac{p_1}{p_2} \ \text{Volt},$$

worin $\dfrac{R\,T}{\varepsilon_0}$ die aus der Gleichung für die Umwandlung der Energie und

---

[1]) Zeitschr. f. physik. Chem. 4, 138. 1889.

aus dem Gasgesetz erhaltene Konstante, u und v die Wanderungsgeschwindigkeiten des Kations resp. Anions, und p_1 und p_2 die osmotischen
Drucke der beiden Lösungen sind.

Diese nur auf binäre Verbindungen anwendbare Formel erleidet
eine geringe Abwandlung, wenn mehrwertige Ionen in Betracht kommen.
Sie nimmt dann die folgende Gestalt an:

$$\pi = \frac{0.0002\,T}{n_e} \frac{\dfrac{u}{n} - \dfrac{v}{n'}}{u+v} \log \frac{p_1}{p_2} \text{ Volt,}$$

worin n und n' die Wertigkeiten des Kations resp. Anions darstellen.
Die vorstehende Formel gilt gleichwohl nur für die einfachsten
Konzentrationsketten, d. h. die, in denen die Elektrolyten dieselben und
nur die Konzentrationen verschieden sind. Für den Fall von Elektrolyten mit vier ganz ungleichen Ionen, aber von gleicher Dissociation,
hat Nernst die Gleichung gegeben:

$$\pi = \frac{0.0002\,T}{n_e} \left(\frac{u-v}{u+v} - \frac{u_1-v_1}{u_1+v_1} \right) \log \frac{p_1}{p_2} \text{ Volt.}$$

Hier sind u und v, u_1 und v_1 die Wanderungsgeschwindigkeiten
der Kationen resp. Anionen der beiden Elektrolyten. Die nach dieser
Gleichung berechneten Werte stellten sich regelmässig als zu hoch
heraus. Dies wurde Anlass zu Plancks[1]) Versuch, eine exaktere
mathematische Formulierung dieser Kontaktelektrizität zu gewinnen, dadurch, dass er seiner Rechnung Nernsts theoretische Vorstellungen zu
Grunde legte, des weiteren aber alle osmotischen und statischen Kräfte
berücksichtigte, die im Augenblick, wo die Lösungen zusammengebracht
werden, im Berührungspunkte thätig sind. Die Schwierigkeiten, die
sich aus der Berücksichtigung aller dieser verschiedenen Kräfte für die
Rechnung ergeben, sind für binäre Verbindungen sehr gross und für
mehrwertige geradezu unübersteiglich. Die Rechnung führt auf eine
transcendente Gleichung, zu deren Lösung wir uns des Nernstschen
Superpositionsprinzips zu bedienen haben. So gelangen wir für die
Berechnung der elektromotorischen Kraft einer einfachen Konzentrationskette zu der folgenden Gleichung:

$$\pi = \frac{0.0002\,T}{n_e} \frac{u-v}{u+v} \log \frac{c_1}{c_2} \text{ Volt,}$$

die sich von Nernsts Formel nur darin unterscheidet, dass hier an
Stelle der osmotischen Drucke der zwei Lösungen deren Konzentrationen

---

[1]) Wied. Ann. **39**, 161. 1890. — Ibid. **40**, 561. 1890.

stehen. Gleichwohl ist für den Fall, dass die Ionen gänzlich verschieden, die Konzentrationen aber gleich sind, die Gleichung von der durch Nernst abgeleiteten völlig verschieden, nämlich:

$$\pi = \frac{0.0002\ T}{n_e}\ \log \frac{u_1 + v_2}{v_1 + u_2} \cdot \text{Volt},$$

worin u_1 und u_2 die Wanderungsgeschwindigkeiten der Kationen, v_1 und v_2 die der Anionen sind. Die Anwendung der letzteren Formel durch Negbauer[1]) führte zu einer glänzenden Übereinstimmung der berechneten und experimentellen Werte. Gleichwohl sind weder Nernsts noch Plancks Gleichung anwendbar für den Fall, dass nicht allein Elektrolyten mit verschiedenen Ionen, sondern auch solche in verschiedenen Konzentrationen verwandt werden. Da der Wert für diese Kontaktelektrizität zur Messung der elektromotorischen Kraft der Einzelelektroden unentbehrlich ist, musste er experimentell bestimmt werden. Für diesen Zweck wurde die Konstanz der Wasserstoffelektrode der Gaskette verwertet und die elektromotorische Kraft verschiedener Ketten gemessen, in denen die Wasserstoffelektrode konstant, die verwandten Elektrolyten aber und ihre Konzentrationen verschieden sind. Es wurde derselbe Apparat wie für die Messungen der Wasserstoff-Sauerstoffkette benutzt. Die Versuche wurden sogar gleichzeitig ausgeführt, indem die Wasserstoffelektroden zweier verschiedener Kombinationen, in denen nur der Elektrolyt verschieden war, gegeneinander gemessen wurden. Die Verbindung wurde, um Diffusion zu vermeiden, mittels etwas Baumwolle hergestellt. Um die Genauigkeit dieser Messungsmethode zu prüfen, wurden einige Bestimmungen der elektromotorischen Kraft von Ketten vom Typus: $H\ \overset{0.1}{HCl}\ \overset{0.01}{HCl}\ H$ vorgenommen. Die verschiedenen derartigen Bestimmungen waren gewöhnlich auf 0.001 Volt konstant, obgleich für 0.001 Normallösungen verschiedene Elektroden öfters um 0.002—0.003 Volt differierten. Die Resultate lasse ich hier auf S. 34 folgen.

Bei den umstehenden Versuchen ist der von der konzentrierten Säure umgebene Wasserstoffpol gegenüber dem verdünnten stets positiv, mit andern Worten: es tritt Wasserstoff an dem konzentrierten Pole aus der Lösung aus.

Dies entspricht den geforderten Gleichgewichtsbedingungen für den Moment des Stromschlusses. Denn um ein Gleichgewicht zu ermöglichen, müss Wasserstoff an einem Pole aus der Lösung gedrängt und

---

[1]) Wied. Ann. **44**, 737. 1891.

Tabelle 9.

Säure	Konzentrations-Kette	Direkt gemessene elektrom. Kraft	Berechnete elektrom. Kraft
Salzsäure	N 0.01 $H.HCl . HCl H$		
	normal — 0·1-norm.	0·0186	0·0172
	normal — 0·01-n.	0·0338	0·0367
	normal — 0·001-n.	0·0549	0·0558
	0·1-n. — 0·01-n.	0·0170	0·0188
	0·1-n. — 0·001-n.	0·0359	0·0379
	0·01-n. — 0·001-n.	0·0210	0·0191
Schwefelsäure	$H.H_2SO_4 . H_2SO_4 H$		
	normal — 0·1-norm.	0·0108	0·0084
	normal — 0·01-n.	0·0172	0·0161
	normal — 0·001-n.	0·0259	0·0244
	0·1-n. — 0·01-n.	0·0097	0·0077
	0·1-n. — 0·001-n.	0·0172	0·0160
	0·01-n. — 0·001-n.	0·0081	0·0083
Essigsäure	$H.C_2H_4O_2 . C_2H_4O_2 H$		
	normal — 0·1-norm.	0·0041	0·0032
	normal — 0·01-norm.	0·0126	0·0086
	normal — 0·001-n.	0·0148	0·0135
	0·1-n. — 0·01-n.	0·0041	0·0046
	0·1-n. — 0·001-n.	0·0106	0·0095
	0·01-n. — 0·001-n.	0·0048	0·0049
Phosphorsäure	$H.H_3PO_4 . H_3PO_4 H$		
	normal — 0·1-norm.	0·0057	0·0062
	normal — 0·01-n.	0·0113	0·0092
	normal — 0·001-n.		
	0·1-n. — 0·01-n.	0·0069	0·0058
	0·1-n. — 0·001-n.		
	0·01-n. — 0·001-n.		
Bromwasserstoff	$H.HBr . HBr H$		
	normal — 0·1-norm.	0·0194	0·0198
	normal — 0·01-n.	0·0367	0·0400
	normal — 0·001-n.	0·0606	0·0607
	0·1-n. — 0·01-n.	0·0192	0·0203
	0·1-n. — 0·001-n.	0·0409	0·0414
	0·01-n. — 0·001-n.	0·0186	0·0207

am andern Pole in Lösung gebracht werden; der erstere, der konzentrierte Pol, wird daher der positive sein. Die Berechnung der Zahlen der obigen Tabelle war die gewöhnliche im Falle einer Konzentrationskette. Wir können die elektromotorische Kraft einer derartigen Kette in zwei Komponenten zerlegen. Die erste ist die elektromotorische Kraft, die an die Elektroden aus der Differenz der osmotischen Drucke der H-Ionen an den Polen entsteht und sich nach der Gleichung

$$\pi_1 = \frac{0·0002\ T}{n_e} \log \frac{p_1}{p_2} \text{ Volt}$$

berechnet; die zweite die zwischen den zwei Verdünnungen entstehende
Kontaktelektrizität, die sich nach der Gleichung

$$\pi_2 = \frac{0 \cdot 0002\,T}{n_e}\left(\frac{u-v}{u+v}\right)\log\frac{p_1}{p_2}\ \text{Volt}$$

berechnet; oder wir können die elektromotorische Kraft der Kette berechnen mit Hilfe der Formel

$$\pi = \frac{0 \cdot 0002\,T}{n_e}\frac{2v}{u-v}\log\frac{p_1}{p_2}\ \text{Volt.}$$

Im Falle einer ternären Verbindung wie Schwefelsäure lautet die
Gleichung:

$$\pi = \frac{0 \cdot 0002\,T}{n_e}\cdot\frac{3v}{2(u-v)}\log\frac{p_1}{p_2}.$$

Phosphorsäure wurde in der obigen Berechnung als ternäre Verbindung angesehen, weil ihre vollständige Dissociation in H- und
HPO_4-Ionen selbst bei $0 \cdot 001$ Normalverdünnung überaus unwahrschein-
lich ist.
Wie aus der obigen Tabelle hervorgeht, ist die Übereinstimmung
zwischen den experimentellen und den berechneten Resultaten, wenn
auch nicht in allen Fällen eine ganz glänzende, so doch alles in allem
ganz befriedigend, insofern die Differenz in den Grenzen der Versuchs-
fehler ($0 \cdot 001 - 0 \cdot 002$ Volt) bleibt. Überdies ist zu beachten, dass der
berechnete Wert die Differenz zwischen zwei einzelnen Berechnungen
darstellt. Denn die Kontaktelektrizität wirkt der durch Differenz der
osmotischen Drucke an den Polen erzeugten elektromotorischen Kraft
direkt entgegen. Die ungleichen Wanderungsgeschwindigkeiten des H
und des Anions lassen die verdünnte Lösung gegenüber der andern sich
positiv laden, wohingegen, wie gezeigt, der verdünnte Pol sich negativ
ladet. In den folgenden Tabellen gebe ich die Messungsresultate für
die Fälle, wo eine Wasserstoffelektrode in normaler Salzsäure gegenüber einer Wasserstoffelektrode in verschiedenen Konzentrationen einer
andern Säure, also Ketten von dem Typus $H.HCl.H_2SO_4\,H$, bestimmt
wurden. Spalte 1 enthält die direkt gemessenen Werte, Spalte 2 die
auf gewöhnliche Weise berechnete elektromotorische Kraft an den Elektroden und Spalte 3 die Differenz zwischen den beobachteten und den
berechneten Werten, welche also der Wert der Kontaktelektrizität
zwischen den in Frage stehenden Säuren sein muss. In allen Fällen ist
hier die $II.HCl$-Elektrode positiv gegenüber den andern.

3*

Tabelle 10.

Messungen der Kontakt-Elektrizität zwischen Chlorwasserstoff und anderen Säuren.

Säuren	Konzentrationen		Direkt gemessene elektrom. Kraft	Berechnete elektrom. Kraft	Differenz: Kontakt-Elektrizität
$HCl - HCl$	normal	— 0·1·n.	0·0186	0·0541	0·0355
	„	— 0·01-n.	0·0338	0·1108	0·0770
	„	— 0·001-n.	0·0549	0·1686	0·1137
$HCl - C_2H_4O_2$	„	— normal	0·0425	0·1137	0·0712
	„	— 0·1-n.	0·0484	0·1395	0·0911
	„	— 0·01-n.	0·0519	0·1693	0·1174
	„	— 0·001-n.	0·0534	0·2007	0·1473
$HCl - H_2SO_4$	„	— normal	0·0061	0·0098	0·0027
	„	— 0·1-n.	0·0193	0·0644	0·0551
	„	— 0·01-n.	0·0371	0·1145	0·0774
	„	— 0·001-n.	0·0516	0·1887	0·1371
$HCl - H_3PO_4$	„	— normal	0·0196	0·0345	0·0149
	„	— 0·1-n.	0·0298	0·0732	0·0434
	„	— 0·01-n.	0·0427	0·1160	0·0733
	„	— 0·001-n.			
$HCl - HBr$	„	— normal	0·0010	0·0020	0·001
	„	— 0·1-n.	0·0182	0·0538	0·0356
	„	— 0·01-n.	0·0335	0·1106	0·0761
	„	— 0·001-n·	0·0670	0·1685	0·1110

Für die Berechnung der elektromotorischen Kraft der Einzelelektroden in der obigen Tabelle habe ich die Gleichung

$$\pi = \frac{0{\cdot}0002\ T}{n_e} \log \frac{p_1}{p_2} \text{ Volt}$$

benutzt, wir nehmen also für die obigen Verdünnungen an, dass Schwefelsäure und Phosphorsäure binäre Verbindungen sind, eine Voraussetzung, die, wenn sie auch streng genommen unrichtig ist, doch, wie sich später zeigen wird, nur einen sehr kleinen prozentischen Fehler bei der Bestimmung der Werte für die Einzelelektroden herbeiführt. Der berechnete Wert für die elektromotorische Kraft an den Elektroden dürfte wenigstens für verdünnte Lösungen dieser Säuren zu hoch, und daher die oben gegebene Zahl für die Kontakelektrizität etwas zu gross sein.

Wenn man den Wert für die Kontaktelektrizität zwischen Chlorwasserstoff und den verschiedenen Konzentrationen anderer Säuren kennt, bietet die Bestimmung der Werte für die Einzelelektroden keine Schwierigkeit. Es bedarf dazu nur der Herrichtung einer konstanten Elektrode, in der Chlorwasserstoff statt Chlorkalium zu verwenden ist. Ein Paar solcher Elektroden kontrollierten sich gegenseitig, wie ich fand, bis auf 0·001 Volt, und blieben viele Wochen lang konstant.

Bei Messung derselben gegenüber einer Normalchlorkaliumelektrode zeigte sich die letztere gegenüber der Chlorwasserstoffelektrode positiv. Der Wert für die elektromotorische Kraft ergab sich zu 0·0279. Der von Nernst für die Kette $Hg\,Hg\,Cl\,\overset{0.01}{HCl}\,\overset{0.01}{KCl}\,Hg\,Cl\,Hg$ erhaltene Wert war 0·0276. Die direkt gegen diese konstaute Elektrode gemessenen Werte für die verschiedenen Wasserstoffelektroden finden sich in der folgenden Tabelle gegeben.

Die konstante Elektrode war stets positiv gegenüber der andern. In Spalte 1 ist der direkt gemessene Wert gegeben, in Spalte 2 der gemessene Wert für die Kontaktelektrizität, in Spalte 3 der wirkliche Wert der elektromotorischen Kraft der Wasserstoffelektrode für die gegebene Verdünnung, in Spalte 4 sind die Werte der Elektroden für die verschiedenen Konzentrationen berechnet, wobei der gemessene Wert für eine Normallösung als richtig genommen ist, und Spalte 5 endlich giebt die Differenzen zwischen den berechneten und den beobachteten Werten.

Tabelle 11.

Elektromotorische Kräfte der Einzel-Elektroden.

Säure	Konzentration		Direkt gemessene elektrom. Kraft	Kontakt-Elektrizität	Wirklicher Wert der elektromot. Kraft	Elektrom. Kraft berechnet	Differenzen zwischen den beob. und berechneten Werten
Essigsäure		normal	0·328	0·0712	0·399	0·399	
	0·1	„	0·338	0·0911	0·429	0·425	+ 0·004
	0·01	„	0·340	0·1174	0·457 ·	0·455	+ 0·002
	0·001	„	0.344	0·1473	0·491	0·486	+ 0·005
Schwefel-säure		normal	0·295	0·0027	0·298	0·298	
	0·1	„	0·309	0·0554	0·364	0·358	+ 0·006
	0·01	„	0.317	0·0774	0·394	0·403	— 0·009
	0·001	„	0·326	0·1371	0·463	0·458	+ 0·005
Phosphor-säure		normal	0·309	0·0149	0·324	0·324	
	0·1	„	0·322	0·0434	0·365	0·363	+ 0·002
	0·01	„	0·329	0·0733	0·402	0·405	— 0·003
	0·001	„					
Bromwasser-stoff		normal	0·287	—0·001	0·286	0·286	
	0·1	„	0·306	0·0356	0·342	0·341	+ 0·001
	0·01	„	0·323	0·076	0·399	0·398	+ 0·001
	0·001	„	0·336	0·1210	0·457	0·456	+ 0·001
Chlorwasser-stoff		normal	0·289		0·289	0·289	
	0·1	„	0·307	0·0361	0·343	0·343	
	0·01	„	0·329	0·0735	0·403	0·400	+ 0·003
	0·001	„	0.344	0·1124	0·456	0·458	— 0·002

Wie man aus den zwei letzten Spalten der voraufgehenden Tabelle ersehen wird, ist die Übereinstimmung zwischen den berechneten und beobachteten Resultaten eine überaus befriedigende. Es sind die oben für die Kontaktelektrizität gegebenen Werte durchgängig auf 2—5 %

genau, und auch für die Schwefelsäure, bei der der Rechnungsfehler
am grössten ist, übersteigt er nicht 10%, während die für die elektromotorische Kraft der Einzelelektroden gegebenen Werte wahrscheinlich bis auf $1-3\%$ richtig sind.

Es ist von Interesse, damit die nach der Nernstschen Formel für
Konzentrationsketten mit verschiedenen Ionen:

$$\pi = \frac{0{\cdot}0002\,T}{n_e}\left(\frac{u-v}{u+v} - \frac{u_1-v_1}{u_1+v_1}\right) \log \frac{p_1}{p_2} \text{ Volt}$$

berechneten Werte für die Kontaktelektrizität zu vergleichen. Es ist
klar, dass wir bei Benutzung zweier ungleich dissociierten Elektrolyten
wie z. B. Chlorwasserstoff und Essigsäure den obigen aus den Wanderungsgeschwindigkeiten abgeleiteten Faktor modifizieren müssen. In
der obigen Gestalt gilt er nur für gleich dissociirte Lösungen, für ungleich dissociirte Lösungen verschiedener Elektrolyten sollte er lauten:

$$\pi = \frac{0{\cdot}0002}{n_e}\left(\frac{u-v}{u+v} - \frac{p_2}{p_1}\frac{u_1-v_1}{u_1+v_1}\right) \log \frac{p_1}{p_2} \text{ Volt,}$$

worin die Werte p_2 und p_1 die Dissociationswerte dieser Elektrolyten
für die gegebenen Konzentrationen sind.

In der nachstehenden Tabelle finden sich die aus der obigen
Gleichung für die Kontaktelektrizität berechneten Werte unmittelbar
neben den direkt gemessenen.

Tabelle 12.

Säuren	Konzentration		Direkt gemessene Kontakt-Elektrizität	Berechnete Kontakt-Elektrizität
$HCl - C_2H_4O_2$	normal	— normal	0.0712	0.0753
	„	— 0.1-n.	0.0911	0.0936
	„	— 0.01-n.	0.1174	0.1141
	„	— 0.001-n.	0.1473	0.1353
$HCl - H_2SO_4$	normal	— normal	0.0027	0.002
	„	— 0.1-n.	0.0554	0.0467
	„	— 0.01-n.	0.0774	0.0773
	„	— 0.001-n.	0.1371	0.1273

Die Differenzen zwischen den berechneten und den beobachteten
Werten übersteigen für Essigsäure nicht 6%. Für Schwefelsäure ist,
wie sich zufolge dem konstanten Rechnungsfehler erwarten liess, die
Abweichung eine etwas grössere. Dennoch können wir wohl, angesichts
der Übereinstimmung zwischen den Werten für Essigsäure, die Kontaktelektrizität für binäre Verbindungen von verschiedener Dissociation aus
der obigen Gleichung bis auf $6-7\%$ genau berechnen. Nicht zu vergessen ist, dass die vorstehend für die elektromotorische Kraft der

Wasserstoffelektrode gegebenen Werte nicht die absoluten sind, sondern direkt gemessene. Durch Subtraktion der oben für die elektromotorische Kraft der Wasserstoffelektrode gegebenen Werte von den auf Seite (22) für Wasserstoffe und Sauerstoff und auf Seite (26) für Wasserstoff und Chlor gegebenen erhalten wir die Werte für die elektromotorischen Kräfte von Wasserstoff, Sauerstoff und Chlor in verschiedenen Konzentrationen verschiedener Säuren.

Es bleibt uns jetzt nur übrig, die Werte für die elektromotorische Kraft von Wasserstoff und Sauerstoff gegenüber Lösungen verschiedener Alkalien zu bestimmen. Hier boten sich Schwierigkeiten, weil es schwer ist, eine konstante Elektrode zu erhalten, in welcher wir ein Alkali brauchen können, da das rote Quecksilberoxyd (HgO) inkonstante Resultate liefert und das Quecksilberoxydul sich im Licht in das genannte und Hg zersetzt. Dennoch ergab sich, wenn das Glas aussen mit Asphalt gut überzogen wurde, dass frisch gefälltes Quecksilberoxydul, das sorgfältig gegen Licht geschützt wird, sehr konstante Werte liefert. Ein paar solche Elektroden blieben einige Wochen lang bis auf 0·001 Volt konstant. Als Elektrolyt diente eine aus metallischem Natrium dargestellte Normallösung von Natronlauge. Die Hydroxylelektrode wurde gegen die Chlorwasserstoff- und Chlorkaliumelektroden gemessen. Die Resultate waren die folgenden:

$Hg.Hg(OH)_2\ NaOH.KCl\ HgCl\ Hg$ 0·1296 Volt

$Hg\ Hg(OH)_2\ NaOH\ HCl\ HgCl\ Hg$ 0·1093 Volt.

Die Hydroxylelektrode war gegenüber den andern negativ, es fliesst somit innen der Strom vom Natron zum Chlorkalium. Am Berührungspunkte wird gleichwohl die aus den ungleichen Wanderungsgeschwindigkeiten der Na- und OH-Ionen stammende elektromotorische Kraft der umgekehrten Richtung folgen. Es ergiebt dies, nach der Planckschen Formel

$$\pi = \frac{0.0002\ T}{n_e} \log \frac{u_1 + v_2}{v_1 + u_2}\ \text{Volt}$$

berechnet, als Kontaktelektrizität zwischen Natronlauge und Chlorkalium 0·0205 Volt, zwischen Natronlauge und Chlorwasserstoff aber 0·040 Volt, oder die elektromotorische Kraft der Hydroxylelektrode wird, gegen die Kalomelelektroden gemessen, sein:

0·1501 Volt   (1)

0·1493 Volt,   (2)

oder es wird die Hydroxylelektrode, wenn wir den Wert der Kalomelelektrode mit + 0·560 Volt ansetzen, einen solchen von + 0·411 Volt besitzen. Gegen diese konstante Elektrode gemessen, gab Wasserstoff gegen Natronlauge und Wasserstoff gegen Kalilauge den nachstehenden in Spalte 3 gegebenen Wert. Spalte 3 giebt die gemessene Kontakt-elektrizität, Spalte 4 den wirklichen und Spalte 5 den berechneten Wert der Wasserstoffelektrode.

Tabelle 13.

Elektrolyt	Konzentration		Direkt gemessene elektromot. Kraft	Kontakt-Elektrizität	Wirklicher Wert der elektromot. Kraft	Elektromot. Kraft berechnet	Differenz
Kalilauge	normal		0·920		0·920	0·920	
	0·1-	„	0·898	0·0347	0·863	0·865	− 0·002
	0·01-	„	0·881	0·0699	0·811	0·810	+ 0·001
	0·001-	„	0·852	0·1073	0·744	0·752	− 0·008
Natronlauge	normal		0·917		0·917	0·917	
	0·1-	„	0·894	0·0347	0·859	0·862	− 0·003
	0·01-	„	0·876	0·0699	0·806	0·817	− 0·011
	0·001-	„	0·854	0·1073	0·757	0·748	+ 0·009

Auch hier wieder darf, wie man sieht, die Übereinstimmung zwischen den berechneten und den beobachteten Werten als befriedigend ange-sehen werden. Ebenfalls ist zu beachten, dass in jedem Falle die oben gegebenen Werte nicht die absoluten sind.

In der folgenden Tabelle sind die Werte von Wasserstoff-, Sauer-stoff- und Chlorelektroden gegenüber Normallösungen von Säuren, Basen und Salzen gegeben. Sie sind sämtlich von dem mit 0·560 Volt an-gesetzten Werte der Normalkalomelelektrode abgeleitet.

Tabelle 14.

Elektrolyt	Wert der Wasserstoff-Elektrode	Wert der O-Elektrode	Wert der Cl-Elektrode	Elektrolyt	Wert der H-Elektrode	Wert der O-Elektrode
Schwefelsäure	− 0·262	+ 0·811		Natriumsulfat	− 0·036	+ 1·029
Chlorwasserst.	− 0·271	+ 0·607	+ 1·158	Kaliumsulfat	− 0·034	+ 1·032
¹/₁₀-Bromwas-serstoff	− 0·218	+ 0·555		Kalilauge	+ 1·070	+ 0·024
Phosphorsäure	− 0·236	+ 0·832		Natronlauge	+ 1·066	+ 0·018
Essigsäure	− 0·161	+ 0·788		Ammoniak	+ 1·107	
Chlorkalium	− 0·028	+ 0·943	+ 1·561			
Chlornatrium	− 0·030	+ 0·939	+ 1·548			

III. Teil.

Temperaturkoëffizient der Gaskette.
Änderung der Lösungstension mit steigender Temperatur.

Alle vorangehenden Messungen wurden bei Zimmertemperatur (ungefähr 17°) ausgeführt, wobei für geringe Abweichungen in der Temperatur eine Berücksichtigung der dadurch verursachten Änderung der elektromotorischen Kraft nicht für nötig gehalten wurde. Jetzt aber schien es wünschenswert, die Änderung der elektromotorischen Kraft mit Bezug auf Temperatur genau zu messen. Für diesen Zweck ward eine kleine Kette konstruiert, die in Wasser getaucht und auf jede beliebige Temperatur gebracht werden konnte (siehe Fig. 4). Zwei kleine Cylinder, ungefähr 10 cm hoch und 2 cm weit, mit an beiden Enden eingeschmolzenen Elektroden, wurden mittels eines Gummischlauches verbunden, der mittels eines feinen Schlitzes an der oberen Seite der Flüssigkeit bei wachsendem Drucke einen Durchgang gestattete. Durch diese einfache Einrichtung erhielt sich der Druck im Innern der Kette an beiden Elektroden konstant und war praktisch gleich dem Atmosphärendruck. Als Elektrolyt dient eine Lösung von 0·01-n. Schwefelsäure, welche praktisch völlig dissociiert ist. Die Cylinder wurden mit Wasserstoff resp. Sauerstoff gefüllt und das Ganze in ein weites Becherglas eingetaucht, das auf verschiedene Temperaturen gebrachtes Wasser enthielt. Sobald die Gas-

Fig. 4.

kette Zeit gefunden hatte, eine konstante Temperatur zu erreichen, nach einer Viertelstunde ungefähr, wurden dann die Messungen vorgenommen. Der Zweck der Doppelelektroden an jedem Cylinder war der, Kontrollmessungen mit einem neuen Elektrodenpaar zu ermöglichen. Die verschiedenen Messungen stimmten für eine gegebene Temperatur auf 0·001 bis 0·002 Volt überein; die Werte der folgenden Tabelle (S. 42) sind die Mittel aus vier Messungsreihen.

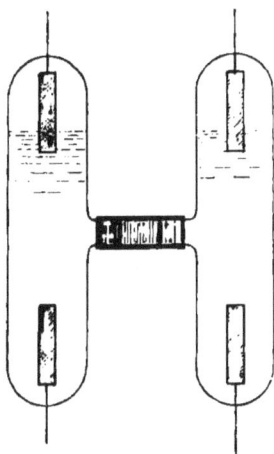

Wie man sieht, sinkt die elektromotorische Kraft, wenn die Temperatur steigt. Dieser Wechsel in der elektromotorischen Kraft und ebenso seine Richtung liessen sich vorhersehen. Um einen klaren Einblick in eine derartige Änderung der elektromotorischen Kraft mit steigender Temperatur zu gewinnen, müssen wir die Erscheinung auf rein thermodynamische Prinzipien zurückführen. Die von Helmholtz und Sir William Thomson aufgestellte Hypothese, dass sich in der Kette die chemische Energie ohne Verlust in elektrische umwandelt, wurde, wie schon erwähnt, durch die thermodynamischen Untersuchungen von Gibbs und später ganz unabhängig von diesen durch Helmholtz selbst als unrichtig erwiesen. Aus seinen Versuchen über den Zusammenhang zwischen elektromotorischer Kraft und Temperatur zog Gibbs den Schluss, dass sich die chemische Energie nicht vollständig in elektrische umwandelt, dass stets eine bestimmte Wärmemenge q, die aus dem Durchgang des Stromes stammt, auftreten oder verschwinden wird. Wenn ein gewisser Betrag Wärme frei wird, steigt die elektromotorische Kraft mit steigender Temperatur, wohingegen, wenn Wärme absorbiert wird, die elektromotorische Kraft sinkt.

Tabelle 15.
Temperatur - Bestimmungen.

Temperatur	Elektromot. Kraft	Temperatur	Elektromot. Kraft
0°	1·090	45°	1·025
15	1·075	50	1·016
20	1·065	55	1·008
25	1·057	60	1·001
35	1·041	68	0·988
40	1·033		

Es lässt sich dies wie folgt formulieren:

$$\varepsilon_0 \, d\pi = (s_2 - s_1) \, dT = \frac{q}{T} \, dT$$

worin ε_0 die mit einem Gramm-Äquivalent des Metalls verbundene Ladung Elektrizität, s_2 und s_1 die Entropien des Anfangs- und Endzustandes nach der Absorption resp. Entwickelung der Wärmemenge und q diese Wärmemenge darstellen. Durch Transponieren erhalten wir aus der obigen Gleichung:

$$p = \varepsilon_0 \, T \frac{d\pi}{dT};$$

Diese Wärmemenge q ist indes nicht gleich der elektrischen Energie, die aus dem Durchgange der Elektrizitätsmenge ε_0 resultiert, denn mit der Existenz der Elektrizitätsmenge ε_0 verknüpft sich untrennbar die Erzeugung eines gewissen Betrages an chemischer Energie. Setzen wir nun für die elektrische und chemische Energie E_e und E_c, so haben wir:

$$E_e = E_c + \varepsilon_0 \, T \frac{d\pi}{dT},$$

oder die elektrische Energie der Kette ist gleich ihrer chemischen
Energie, vermehrt um einen Faktor, der der absoluten Temperatur und
dem Temperaturkoëffizienten der Kette proportional ist. Wenn $E_e < E_c$
ist, wird die Kette mit steigender Temperatur ein Sinken der elektromotorischen Kraft zeigen, zugleich eine entsprechende Wärmeabsorption; ist
indes $E_e > E_c$, so wird die elektromotorische Kraft mit steigender Temperatur steigen unter gleichzeitiger Entwickelung von Wärme.

Machen wir von diesen Betrachtungen Anwendung auf die Wasserstoffsauerstoffkette, so finden wir die elektrische Energie geringer als
die chemische. Denn, indem wir in der obigen Gleichung einsetzen,
erhalten wir für 17°, wenn wir nach der bekannten Methode für E
und E_e Wärmeäquivalente substituieren:

$$495.4\,K = 682.7\,K + 2\,\varepsilon_0\,T\frac{d\pi}{dT}$$

oder $2\,\varepsilon_0\,T\dfrac{d\pi}{dT} = 187.3$, woraus sich der Wert des Temperaturkoëffizienten ergiebt:

$$\frac{d\pi}{dT} = 0.00140.$$

Wenden wir diese Berechnungsmethode auf die obigen Rechnungs-
reihen an, so erhalten wir die folgenden Werte für den Temperatur-
koëffizienten.

Tabelle 16.

Messungen der Temperatur-Koëffizienten der Wasserstoff-Sauerstoff-Gaskette.

Temperatur	Beobachtete elektromot. Kraft	Berechnete Temp.-Koëffiz.	Temperatur	Beobachtete elektromot. Kraft	Berechnete Temp.-Koëffiz.
0°	1.090	0.001411	45°	1.025	0.001412
15	1.075	0.001400	50	1.016	
20	1.065	0.001410	55	1.008	0.001414
25	1.057	0.001410	60	1.001	
35	1.041	0.001412	68	0.988	0.001413
40	1.033				

Die vorliegenden berechneten Werte zeigen eine ganz vortreffliche
Übereinstimmung, und es lässt sich der mittlere Wert für den Temperaturkoëffizienten der Wasserstoffsauerstoffkette ungefähr mit 0.001411
ansetzen.

Eine zweite Reihe Messungen wurde ausgeführt, bei denen nicht
zwei verschiedene Gase Anwendung fanden, sondern Wasserstoff von
verschiedener Temperatur die beiden Elektroden bildete. Den Apparat
zeigt Figur 5. In beiden Enden des U-förmigen Glasrohrs, dessen Arme

ungefähr 20 cm Länge und 2·5 cm Durchmesser hatten, waren Platinelektroden eingeschmolzen. Der eine Arm des U-Rohres war von einem
ca. 7 cm weiten Cylinder umgeben, der an beiden Seiten offen war und
mittels eines Korkes den Arm fest umschloss. In diesen Cylinder wurde
Eis gegeben, um das die Elektrode umgebende Gas auf 0° zu erhalten;
der andere Arm des U-Rohres war in ähnlicher Weise mit einem
Cylinder umschlossen, nur dass der letztere hier oben mit einem Rück-
flusskühler und unten mit einem kleinen Kolben von ca. 200 ccm Inhalt
kommunizierte. In den Kolben wurden verschiedene Flüssigkeiten gegeben, die, zum Sieden gebracht, das die Elektrode umgebende Gas auf

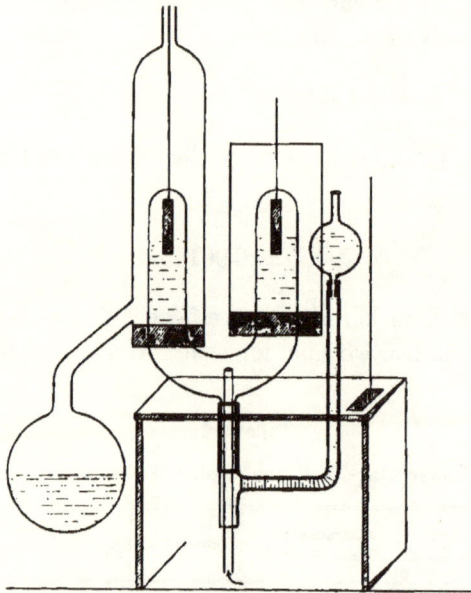

Fig. 5.

einer bestimmten Temperatur, eben der des Siedepunktes der angewandten
Flüssigkeit, erhielten. Mittels des die äussere Verbindung mit der Luft
herstellenden Kölbchens *A*, dessen Flüssigkeit mit der, in die die Elektroden eintauchten, auf ein Niveau gebracht werden konnte, wurde der
Druck in dem Apparat praktisch konstant erhalten. Die elektromotorischen Kräfte für verschiedene Temperaturen zwischen den Elektroden
waren, wie aus der folgenden Tabelle von Messungen ersichtlich, sehr
gering, und es haben die Werte wahrscheinlich weiter keine Bedeutung,
als dass sie ein allmähliches Steigen der elektromotorischen Kraft mit
steigender Temperatur anzeigen. Wiederholte Messungen zeigten gleichwohl eine Konstanz bis auf weniger als 0·0005 Volt. Die nachstehen-

den Werte sind das Mittel aus fünf Messungsreihen. Die Elektrode von höherer Temperatur war gegenüber der anderen stets positiv. Als Elektrolyt diente 0·01-normal Schwefelsäure, deren Dissociation praktisch konstant ist.

Tabelle 17.

Temperatur-Bestimmungen mit Wasserstoff.

Temperatur-Unterschied	Gemessene elektrom. Kraft	Temperatur-Unterschied	Gemessene elektrom. Kraft
0°—18°	0·0017	0°—56°	0·0062
0°—35°	0·0031	0°—66°	0·0092
0°—46°	0·0044		

Es liess sich voraussehen, dass die Werte sehr klein ausfallen würden, denn eine solche Temperaturkette ist in gewisser Hinsicht das Analogon der Konzentrationskette, die bereits besprochen wurde, insofern wir es hier wie dort, bei dem im Innern der Kette vor sich gehenden Prozesse, im wesentlichen mit einer Differenz im osmotischen Drucke zu thun haben und die elektromotorische Kraft den Massstab für die Tendenz gegen ein Gleichgewicht hin bildet.

Formulieren wir die an den beiden Elektroden vorhandenen elektromotorischen Kräfte in der gewöhnlichen Weise. Die der ersten, auf 0° erhaltenen ist

$$\pi_1 = 0·0002\ T_1 \log \frac{P_1}{p_1}\ \text{Volt},$$

worin P_1 die Lösungstension des Wasserstoffs und p_1 den osmotischen Druck der 0·01 Schwefelsäurelösung darstellen. Die elektromotorische Kraft an der zweiten Elektrode von höherer Temperatur lässt sich darstellen durch

$$\pi_2 = 0·0002\ T_2 \log \frac{P_2}{p_2}\ \text{Volt}.$$

Natürlich werden p_1 und p_2 verschiedene Werte haben, weil der osmotische Druck proportional der absoluten Temperatur steigt.

Die einzige andere Variable ist die Lösungstension. Dass diese mit wechselnder Temperatur wechselt, folgt gewissermassen aus der Natur dieses Gliedes, das, abgesehen von der Interpretation, die ihm gegeben wurde, um die dem osmotischen Druck an der Elektrode entgegenwirkende und auf ein Gleichgewicht hinstrebende Kraft darzustellen, eine einfache Integrationskonstante ist. Gleichwohl ist diese Integrationskonstante gleich dem osmotischen Drucke nicht unabhängig von der Temperatur; ob sie aber wie dieser proportional der absoluten

Temperatur steigt, oder mit zunehmender Temperatur fällt, ist eine Frage, auf die die vorstehenden Messungen einiges Licht werfen dürften. Unter „Thermoketten" sagt Nernst [1]): „Der Strom floss in der Lösung stets von der kälteren zur wärmeren Elektrode. Wir haben hieraus zu schliessen, dass die elektrolytische Lösungstension der Hg-Elektrode mit steigender Temperatur steigt." Ähnlich sagt Ostwald [2]) unter „Lösungsdruck", indem er nach Analogie der Dampfspannungen urteilt: „Die Grösse P, der elektrolytische Lösungsdruck, ist eine dem Metall eigentümliche Konstante, welche im übrigen nur noch von der Temperatur abhängt, und zwar meist mit zunehmender Temperatur zunimmt."

Kehren wir jetzt zu den obigen Gleichungen zurück, die die elektromotorischen Kräfte der Einzelelektroden darstellen.

Unter Kombination gelangen wir zu der elektromotorischen Kraft der Kette

$$\pi = 0.0002 \left(\log \frac{P_1^{T_1}}{p_1} - \log \frac{P_2^{T_2}}{p_2} \right) \text{Volt,}$$

woraus wir erhalten

$$10^{\frac{\pi}{0.0002}} = \frac{P_1^{T_1}}{P_2^{T_2}} \cdot \frac{p_2^{T_2}}{p_1^{T_1}} .$$

Der verwendete Elektrolyt war 0·01-normal Schwefelsäure und der partielle osmotische Druck des Wasserstoffs dieser Lösung wird für 0⁰ 0·294 Atm. betragen. Substituieren wir nun in der obigen Gleichung die elektromotorische Kraft für eine Differenz von 35⁰, und transponieren wir, so erhalten wir

$$\frac{P_1^{273}}{P_2^{308}} = \frac{10^{25} \times 0.294^{273}}{0.663^{308}} .$$

Dies giebt als Wert für $\frac{P_1^{273}}{P_2^{308}}$ in runden Zahlen 8. Somit ist P_1 grösser als P_2, oder mit anderen Worten, der Lösungsdruck nimmt mit wachsender Temperatur ab.

Die Richtigkeit des obigen theoretischen Schlusses können wir dadurch prüfen, dass wir nach der voraufgehenden Formel Rechnungen ausführen, nachdem wir die Lösungstensionswerte eingesetzt haben. Die Lösungstension für Wasserstoff lässt sich annähernd durch Berechnung aus der elektromotorischen Kraft des Wasserstoffs gegenüber einer Lö-

[1]) Zeitschr. f. physik. Chemie 4, 172. 1889.
[2]) Lehrbuch der allgem. Chemie (2. Aufl.) II, 1, S 852.
[3]) Nernst, Theoretische Chemie, S. 129.

sung von 0·01-normal Schwefelsäure bestimmen. Dieser Wert ist für 0⁰ ungefähr 0·170 Volt, oder P_1 ist gleich $10^{6.20}$ Atm. Es braucht dieser Wert nur in die Gleichung

$$\pi = 0{\cdot}0002\left(\log\frac{P_1}{p_1}^{T_1} - \log\frac{P_2}{p_2}^{T_2}\right)$$

eingesetzt zu werden, um klar werden zu lassen, dass, wenn wir die Annahme machen, dass die Lösungstension proportional der absoluten Temperatur zunimmt, wir dadurch zu ganz enormen Werten für die elektromotorische Kraft gelangen, und dass die Differenzen viele Male grösser sind als die gemessenen Werte. Gleichwohl erhalten wir, wenn wir den obigen theoretischen Schluss, dass die Lösungstension mit der Temperatur abnehme, als richtig annehmen, Werte, die von den gemessenen sehr wenig abweichen, wie die folgende Tabelle lehrt.

Tabelle 18.

Temperatur-Unterschied	Elektrom. Kraft beobachtet	Elektrom. Kraft berechnet
0⁰ — 18⁰	0·0017	0·0028
0⁰ — 35⁰	0·0031	0·0045
0⁰ — 46⁰	0·0044	0·0072
0⁰ — 56⁰	0·0062	0·0099
0⁰ — 66⁰	0·0092	0·0126

Die leidliche Übereinstimmung der Unterschiede ist überaus bemerkenswert, besonders wenn wir uns erinnern, dass die für p_1 und P_1 gegebenen Werte nur grobe Annäherungen sind, bei denen auf das Steigen des osmotischen Druckes, das aus der wachsenden Dissociation des Wassers bei zunehmender Temperatur resultiert, gar keine Rücksicht genommen, noch auch irgend eine Korrektur für das an der Berührungsfläche der kalten und warmen Flüssigkeit erzeugte Potential angebracht wurde.

Weisen wir der Lösungstension des Wasserstoffs und Sauerstoffs Werte zu, und berechnen wir die elektromotorische Kraft, wie in dem voraufgehenden Falle, so finden wir die Annahme, dass die Lösungstension mit steigender Temperatur abnimmt, aufs neue bestätigt. Die Schwierigkeiten, die sich der absoluten Berechnung bieten, sind allzugross, als dass sich mehr als Differenzen geben lassen. In der folgenden Rechnung ist P_H wie früher gleich $10^{6.20}$ gesetzt, und da nun Sauerstoff gegen eine 0·01-normale Lösung von Schwefelsäure einen Wert von 0·960 Volt giebt, lässt sich P_O gleich 10^{34} setzen.

Tabelle 19.

Temperatur-Unterschied	Differenz in der berechneten elektrom. Kraft	Differenz in der beobachteten elektrom. Kraft
0° — 15°	— 0·015	— 0·005
15° — 25°	— 0·018	— 0·007
25° — 35°	— 0·016	— 0·015
35° — 45°	— 0·016	— 0·018
45° — 55°	— 0·017	— 0·022
55° — 68°	— 0·020	— 0·026

Die Übereinstimmung zwischen den beobachteten und den berechneten Werten kann als eine äusserst befriedigende angesehen werden, und das wichtigste: die berechnete elektromotorische Kraft sinkt mit steigender Temperatur, wohingegen in dem Falle, wo Wasserstoff allein verwandt wurde, ein allmähliches Steigen in dem berechneten Werte sichtbar wird, was beides mit der Erfahrung übereinstimmt. Die allgemeine Übereinstimmung zwischen den berechneten und beobachteten Werten deutet auf die Richtigkeit des Schlusses, zu dem wir auf theoretische Gründe hin gelangt sind, das heisst, die Lösungstension ändert sich mit wechselnder Temperatur, und zwar nimmt sie mit steigender Temperatur proportional der absoluten Temperatur ab.

Schluss.

Die wichtigsten Resultate der auf den voraufgehenden Seiten mitgeteilten Untersuchungen mögen hier am Schlusse eine kurze Zusammenfassung finden. Das Ziel war, zu prüfen, ob die Nernstsche Theorie der Flüssigkeitsketten die von Prof. Ostwald angenommene Gültigkeit für die Gasketten besitze. Die Ergebnisse der Versuche resumieren sich wie folgt.

1. Die elektromotorische Kraft der Gaskette ist unabhängig von der Grösse und der Beschaffenheit der Elektroden, wenn dies unangreifbare sind.

2. Die elektromotorische Kraft der Gaskette ist unabhängig von der Natur und Konzentration des Elektrolyten, insofern sich bei Verwendung von Säuren, Basen und Salzen als Elektrolyten ein konstanter Wert von ungefähr 1.075 Volt ergab.

3. Die elektromotorische Kraft der Gaskette lässt sich in zwei Komponenten auflösen, die die an jedem der Pole herrschenden Potentiale darstellen. Es wurde versucht, die absoluten Werte dieser Poten-

tiale durch direkte Messung und nachfolgende Elimination der Kontaktelektrizität festzustellen.

4. Es wurde die Änderung in der elektromotorischen Kraft mit
steigender Temperatur gemessen und daraus der Temperaturkoëffizient
bestimmt. Die Weiterentwickelung der Nernstschen Formel für steigende
Temperatur liess sich in dem folgenden allgemeinen Satze formulieren:
„Die Lösungstension ändert sich mit der Temperatur, und
zwar nimmt sie mit steigender Temperatur, proportional der
absoluten Temperatur, ab."

Druck von Pöschel & Trepte in Leipzig.

www.ingramcontent.com/pod-product-compliance
Lightning Source LLC
Chambersburg PA
CBHW031816090426
42739CB00008B/1300